地理中国 地理系列丛书

中国篇

盐的景观

朱千华 ○ 著

中国人的咸淡风光

中国林业出版社

圖·图阅社

U0340289

新疆罗布泊盐花。地处罗布泊深处的钾盐矿，是我国最大的钾肥生产基地，这里的盐田在西风与骄阳的吹晒下，卤水结晶，形成美丽的盐花。盐花千姿百态，造型奇特，似珊瑚、似水晶、似蘑菇、似塔林，奇特的自然景观，令人赏心悦目，远远望去，形态各异的盐花犹如奇妙的海底世界。

海南洋浦千年古盐田。位于洋浦经济开发区新英湾区办事处，距今1200多年。现有盐田面积50多公顷。这是我国至今保留最完美的日晒盐制盐方式的古盐场。1000多个形态各异的砚式石盐槽，错落有致地分布着，像无数巨型的古砚台，等待着天空的神来之笔。

序 | **盐：永远的阳春白雪**

　　2013 年盛夏，为如期完成这部《雪花盐》，我冒着酷暑行走在东关街、南河下一带的盐商古宅，查找史料。史书是灰色的，但书中最醒目的色彩是白色，光天耀眼，无论是雪花银，还是雪花盐，都如盛夏的阳光，令人炫目。

　　我生活的城市——扬州，就是盐商堆积起来的。到处都是与盐有关的痕迹。动手写这部书的时候，正值立秋。2013年气温相当反常，连续半个月 40 ℃左右高温，即便是立秋之后，仍然没有消退的迹象。我一边行走，一边让炽热的阳光穿透身体，水分从我身上的每个毛孔挣扎而出。风干之后，我看到手臂上有一层细薄的晶体，我知道那就是盐，亮晶晶，闪出缤纷。这是从体内排出的盐。哪怕是一粒盐，终于有了生命，即使再细小，也有了形体，有了色彩，有了滋味，有了性格，更重要的是，盐有了自己的"思想"。苏轼诗云："岂是闻韶解忘味，尔来三月食无盐。"意思是说：吃饭时菜里如果不放点盐，即使山珍海味也没滋味儿。

　　盐的纯洁无瑕，让人不敢造次。如果作一个恰当的比喻，盐就是一个红颜知己，心地纯洁，你离不开她，又不能越界。这种近乎圣洁的友情最能长久，做一辈子的朋友，

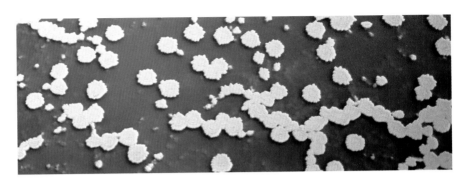

盐湖里漂着的盐晶体。盐湖的主要成分是芒硝，其次是石盐。芒硝喜冷，当水温在 18~20℃时，石盐和芒硝在水中都是不饱和的。当水温降到 5.5℃以下时，石盐仍然不饱和，但是芒硝会从水中析出，成为固态晶体。

也不会分开。如果你有非分之想，就如同美味中放多了盐，会给你点颜色看看。

我们对于盐，可以说是一知半解。盐类的奇妙与神秘，远远超出了我们的想象。

谁都知道盐是白色的。我们所不知道的是，貌似平凡的盐是个庞大的家族，它们有着令人惊异的五颜六色。在中国古代的典籍中，就有关于红盐、绿盐、青盐、黑盐的记载，而这些彩色的盐，一些盐场至今还在开采。

美国加州旧金山湾的盐池，以其壮观的"五彩斑斓"画卷成为盐景奇观，如果从飞机上向下俯瞰，那就是一个硕大的绚烂如画的调色板，那种强烈的视觉冲击力让我们第一次看到了盐的华丽。那些五彩颜色是盐池里天然生成的，盐池里有三种耐盐微生物不断繁殖，每个盐池都带有特定盐度，如此衍生出不同色彩。

影响盐池颜色的三种微生物是：聚球藻、盐杆菌和杜氏藻。这些微生物不仅能变幻盐池的色彩，还可以调节水质，从而获得品质更高的盐。

其实，普通的盐晶体，在不同的光线下，也会折射出不同的光泽，只是我们从没正视过盐，因为它太普通。

就是这样普通的盐，有很多人曾为之吃过苦头，例如我的祖父。

祖父朱恒圣，年轻时贩私盐为生。从东海挑盐，贩到如皋。来回 300 多千米，而且是肩挑盐担，靠脚力行走，前后要一周左右。一路上，到处都是缉私的盐警。自古贩私盐是大罪，祖父为躲避检查，利用竹篾手艺，做成竹筐，挑担叫卖。其实，担子最下面，就藏着食盐。

贩私盐是个风险很高的活儿。如果不被盐警查获，收入尚可。一旦被发现抓进局子，为重获自由要交保释金，大笔的保释金能让普通人家倾家荡产。祖父贩私盐达数年，有了一笔积蓄。没想到，有一次被盐警查获，那笔积蓄，全部交了保释金。从此之后，祖父再也没有贩过私盐，一心一意做了庄稼人。

2011 年的抢盐风潮让普通的食盐在这次风潮中奇货可居。

2011 年 3 月 11 日，日本发生里氏 8.9 级大地震，导致福岛核电站发生泄漏，因担心海盐污染，从 3 月 17 日起，中国沿海城市浙江、江苏、山东发生大规模的购盐潮，盐价从 2 元每袋一路飙升至 20 元每袋。

其实若有点地理常识，也就不会出现如此荒诞的抢盐风波了。且不说中国大面积的海盐，如果你有机会来到西部，从格尔木去大柴旦，当你看到几十千米长的公路，全部是用盐铺就，你就知道在中国抢盐是很愚蠢的事。

我国西部有条用盐铺成的公路，就是中国西部奇特的盐景观——万丈盐桥。

这里有世界上绝美的风景，走过万丈盐桥，一路上银光闪闪，如同走在冰天雪地之中。盐湖中，卤水蒸发形成各种各样的盐花，遍地都是，像珊瑚、像珍珠、像山峦……

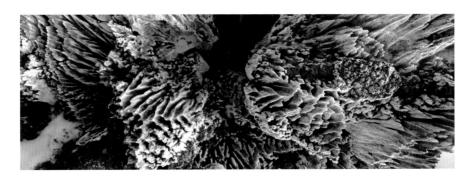

矿盐的盐苗。在温宿古盐湖遗迹中，我们看到了这样的盐喀斯特景观。因为混有泥沙等杂质，盐晶体呈现出棕红色，在常年雨水的冲刷溶解下，盐山的山体渐渐呈现出一种嶙峋峥嵘之意，看起来像一支支盐笋，也叫盐苗。

一簇簇，一丛丛，一片片，满湖之中，处处可见，晶莹剔透。

这里的盐究竟多到什么程度，这么说吧，整个柴达木盆地，氯化钠储量达 550 亿吨，够世界人民食用 2000 年。

一粒盐有一粒盐的跌宕风光，经历几千年的岁月，不染一丝尘埃，任何时候，盐的世界里永远都是阳春白雪，都是浩荡的阳光。盐的哲学很单纯，有的人会把盐当作生活的调料，使日子越过越有滋味；有的人总是把盐撒在伤口上，可想而知，这日子会越来越不尽如人意。

很多年前，雕塑家常再盛找到我，希望为扬州的城市雕塑提供建议。我毫不犹豫地说，如果有一方晶莹剔透的盐晶体成为雕塑，阳光之下，五彩缤纷，有色彩，有现代感，更能体现这个城市的盐文化。

岁月淡去，激情淡去，颜色淡去，往事淡去，记忆淡去，这世上一切都在悄然淡去，只有盐，永远不淡，永远青天白日。

[目录]

【卷二】 盐的五颜六色

我们只知道普通的盐是银白色，根本想不到，盐类家族乃是一个五彩缤纷、光怪陆离的世界。盐的色彩之丰富，远远超过我们的想象。

盐之大美

海盐大部分是白色的，也有黄褐、灰褐、淡红、暗白色的。湖盐有青色、白色、红色、蓝色、黑色，很像彩虹在晶体中闪光。天然形成的岩盐，纹饰绮丽，常常五颜六色地混在一起，就像宝石。

纯盐是无色的，大部分可被红外线穿透。常见的盐是由许多小晶体组成，表面和内部含有一些矿物质，为灰白色。

如果你到了中国西部的大柴旦镇一带，忽然看见阳光之下，遍地皑皑白雪，其实是错觉，你看到的不是冰雪覆盖的湖面和河堤，是雪白的盐。

如果从化学角度来说，盐的家族就更加庞大了。根据化学定义：凡是金属离子与酸根离子结合的化合物，都称作盐。

这样的盐，生活中比比皆是。例如，中国南方喀斯特地表上那些令人惊叹的奇峰异石、地下溶洞中那些千姿百态的石笋、石柱、石幔、石花、石鼓等，这些都是由岩石中的一种盐——碳酸钙被水溶蚀而形成的。

1. 盐——庞大而多彩的家族

盐是无机物中的一个庞大家族。食盐是生活中最常见的盐，也是我们接触最早、最多的一种盐。盐不等同于食盐，生活中常见的盐有四种：氯化钠、碳酸钠、碳酸氢钠、碳酸钙。

我们多数人对于盐的概念的理解，仍是"食盐"。就食盐来说，也是一个庞大的家族。例如，按产地可划分为芦盐（天津、河北）、淮盐（江苏）、闽盐（福建）、粤盐（广东）、湘盐（湖南）、雅盐（内蒙古）、大青盐（内蒙古）、川盐（四川）等。

最早使用和制盐的是中国人，在古代称"自然盐"为"卤"，经人力加工过的才称之为"盐"。盐是人类生存的必需品，每日所需虽然不多，但不可缺少。人如果缺盐，生理平衡会紊乱，出现头晕无力、恶心呕吐等症状，最严重时甚至会休克。

在明代科学家宋应星写的《天工开物》中，按照盐的来源，把盐分成六类：海盐、池盐、井盐、土盐、崖盐、砂盐。这还不够全面，还有竹盐、泉盐、岩盐等。盐家族虽大，可我们吃的盐，主要是以海盐、湖盐、井盐和矿盐为主。

海盐：由海水经自然蒸发晒制。平均每 1000 千克海水，可得盐 25 千克有余。由于我国海疆辽阔，风多雨少日照充足，十分适合晒盐，所以，我国海盐产量居世界首位。

湖盐：又称池盐，由内陆咸水湖或盐湖湖水蒸发而成。在我国，多产于青海、新疆、西藏、内蒙古、甘肃等地。青海柴达木盆地中有几十个盐湖，盐储量达 500 亿吨。

井盐：运用凿井法，汲取地表浅部或地下天然卤水加工制成。井深可达数十米乃至数百米。

矿盐：开采岩盐矿床炼制而成。

节日夜晚，城市上空盛放的焰火，五彩缤纷，它们的每一种颜色，都是由一种盐发出的光。红光是由硝酸锶发出来的；蓝光是由硫酸铜、碳酸铜发出来的；黄光是由硝酸钠、碳酸氢钠发出来的；绿光是由硝酸钡发出来的。

如果按照色彩排列下来，这真是一个赤、橙、黄、绿、

青、蓝、紫的奇妙世界。

在盐这个大家族里，有众多的兄弟姐妹，据估计，盐和它的衍生物全世界有 15000 多种，其成员之多，分布范围之广，举世罕见。其中，食盐是最早为人类开发和利用的，可称为盐家族的"长兄"。所以，本书所述之各类盐景观与盐文化，皆以食盐为主。

新疆盐湖具有多、大、富、全的特点，在新疆境内有"无百里之内无盐。"之说，是我国现代盐湖分布最密集的地区之一。阿尔泰山、天山、昆仑山和准噶尔盆地、吐鲁番盆地、塔里木盆地孕育着大大小小的盐湖、盐矿 250 多处。清代《新疆图志》中说"新疆固产盐之奇区也"。预测总储量 632 亿吨以上，按年产 300 万吨计算，可供开采近万年之久。

盐的景观（中国篇）

2. 冰清玉洁——雪花盐

柴米油盐酱醋茶，普通人家的生活，开门七件事，盐字放中间，意思很明显，不能咸又不能淡，适中最好。

白盐俗称"花盐"。在四川井盐地区，花盐亦称"雪花盐""鱼子盐"等，在生产过程中因结晶而生水花，故此得名。还有因燃料不同，所产盐名也不同。如用天然气煎制，称为"火花盐"，煤炭煎制的为"炭花盐"，用柴草煎制的为"柴花盐"。

海盐中也产雪花盐。雪花盐是海盐的优质品种，是对普通海盐进行深加工而成，取原盐，化成卤水，经过数次过滤，高温蒸发，结晶而成。因雪花盐的结晶是在水面上生成的，产量非常低，个体状似雪花，色泽白中透亮，天然而纯净。

有人将雪花盐称为"小资盐"，很形象。除了颗粒细腻纯净，它还具有天然的低钠、疏松、味鲜之特点，属高档调味佳品，最适宜凉拌菜和炒

这一组拍摄于罗布泊盐湖的"盐花"，在镜头下纤毫毕现，这种"盐花"也可称其为"盐牙"。盐壳由于降水的溶解和风沙磨蚀，就会在凸起部分形成尖峭嶙峋、牙尖垂直风向呈定向排列的"盐牙"，又因为它形若珊瑚，也有人叫它盐珊瑚。

菜烧汤时使用。

有人说，所谓大厨的秘诀，就是用盐的秘诀。用什么盐，用量多少，何时放盐，都有讲究。

从古至今，盐都是我们的朋友，从未离开过我们，盐融入了我们的生活。它的能量特别强大，有时甚至可以控制整个国家的经济命脉，形成一种独特的盐文化。

东晋时代，有一天，曾做过宰相的大家谢安，把谢府上的几个孩子召集到一起，传授知识。室外忽然下起鹅毛大雪，谢安就以雪花考孩子们："你们说，雪花像什么？"大侄子谢朗说："就像一把细盐，挥撒在空中。"侄女谢道韫说："像柳絮，凭借东风在空中飘飞。"后人一直在争论，这两个比喻，哪个更恰当些。

应该说，两个比喻都很生动形象。尤其是"撒盐空中"，把漫天飞舞的雪花比作晶莹的白盐，更能恰如其分地表现出雪花洁白晶莹，飘散而下的光感、质感，还有湿润。正因为雪花和盐之间有这些共同特征，后人一直喜欢以白盐来比喻雪花，包括那些如雷贯耳的大诗人。

南朝梁简文帝萧纲在《咏雪》中写道："盐飞乱蝶舞，花落飘粉奁。奁粉飘落花，舞蝶乱飞盐。"

李白以吴盐入诗，他在《梁园吟》中写道："玉盘杨梅为君设，吴盐如花皎白雪。持盐把酒但饮之，莫学夷齐事高洁。"

白居易的《对火玩雪》："盈尺白盐寒，满炉红玉热。"

李贺的《马诗》有云："腊月草根甜，天街雪似盐。"

苏轼的《雪夜书北堂壁》："但觉衾裯如泼水，不知后庭已堆盐。"

除了雪花盐，还有一种名气很大的吴盐，几乎贯穿整个中国文学史。这就是江苏吴地所产的一种优质盐，细白

如雪，质地上乘。唐朝时期，两淮地区所煮之盐以洁白著名，成为炙手可热的抢手货。雪花盐也是以雪白著称，何以吴盐比雪花盐还要声名大震呢？

原来，这是文人的一种联想。吴越之地，自古属江南水乡，所生女子水灵、肤色白皙，"手如柔荑""肤如凝脂""冰清玉润""清辉玉臂"等形容词都是对她们的描述。还有很多文人就用盐来喻其肤白。

最著名的"吴盐"，当数北宋大词家周邦彦的《少年游》。这恐怕是中国文学史上最有名的一个关于盐的故事。全词如下：

"并刀如水，吴盐胜雪，纤手破新橙。锦幄初温，兽烟不断，相对坐调笙。低声问：向谁行宿？城上已三更。马滑霜浓，不如休去，直是少人行。"

这其中还有一段故事。根据张端义所著《贵耳录》记载：一次，北宋时代的皇帝宋徽宗前来幽会京城名妓李师师，不巧的是，大词家周邦彦早就来了，一听说皇上驾到，走也不是，留也不是，吓坏了，连忙躲到师师的床下。宋徽宗进来，带着一个新鲜的橙子，对师师说是江南刚刚进贡的，于是，皇上和师师一边吃橙，一边与师师说笑。徽宋故意说要回去了，李师师假意挽留说："现已三更，马滑霜浓，龙体要紧。"

周邦彦于床底下听后，心里有些酸溜溜的，后来就作了一首《少年游》。

这首词之所以流传甚广，除了这段轶事，词本身的艺术水准也是相当高的，吃橙，只是一个普通的生活场景，

吴盐胜雪。雪花盐是江淮盐场晒制的优质产品。此盐味淡而雪白，自古为盐中上品。

在大词家的笔下，却是万种风情："并刀如水，吴盐胜雪，纤手破新橙。"这是一个特写镜头。

关于这个特写镜头，如今已成了一个疑案，现在有两种意见。

一种是："并刀如水，吴盐胜雪"并非实指，而是比喻，言说李师师玉手的指甲与肤色之美。整个过程，就是一个诗情画意的场面：美人李师师用指甲剥橙，指甲鲜亮如刀，肤如吴盐胜雪。

还有一种理解是：出现在读者眼前的，是两件简单的道具，并刀，并州出产的刀子；吴盐，吴地出产的优质细盐。要想甜，放点盐。吃橙时，抹点盐或蘸着盐吃，会别有风味。

吃橙是否要抹上吴盐或是蘸着吴盐吃，至今没有定论。在南方，由于水果酸涩，破开后抹一些盐或者用盐水浸泡一下，对有机酸有抑制作用，能去酸涩，吃起来会香甜可口，比如菠萝。

时至今日，被无数诗人所描绘过的雪花盐也好，吴盐也好，都已成为历史的过往。现代技术可以生产出各种精致、各种规格的盐。当然，雪花盐还有，但已不是历史上的那类雪花盐了，除了雪白色，盐里面添加的人体必需的微量元素更加丰富。

还有一种鱼子盐。此为雪花盐之上品，这种花盐颜色纯白，颗粒均匀，状若鱼子，极少杂质。

多年前，我去渤海湾畔的长芦盐场，感觉像是来到了一个奇异的风景画廊。放眼望去，一边是阡陌纵横，水波粼粼，好一派江南水乡景致；另一边，则是白雪皑皑，冰峰逶迤，一片北国风光。如果你不仔细看，根本想不到，这里是一座大型盐场。所以说，雪和白盐，在外观和色彩上，令人迷惑，难以区别。

3. 粉红色的滋味
——桃花盐

　　《北史·西域传》《隋书·西域传》有关于红盐的记载。在这些笔记资料中，有的盐场所产红盐，被描绘成"色若桃花"，称之为"桃花盐"。一种寻常的调味品，一下子成了如梦如幻的春天意象，这该是多么的诗情画意！红色的盐，多数人没有见过。除了产量稀少之外，还因为红盐多产于中国西部偏远之地。根据史料记载，东部地区，福建的下里盐场，亦产赤盐。后来，民国四年（1915），下里盐场与前江盐场合并，称"前下盐场"。再后来，改为"莆田盐场"，之后未见有生产红盐的记载。

　　红盐，一种是红色粉末，矿物质，不能食用。唐代皮日休《奉和鲁望秋日遣怀次韵》诗云："药囊除紫蠹，丹灶拂红盐。"这种红盐，在古代为道家以炉火炼丹之用。

芒康千年古盐田，这是阳光与风的杰作。澜沧江两岸坡陡壁峭，一块块盐田倚险而架。金黄色的卤水在阳光下，发出耀眼的光芒。澜沧江两岸，西岸地势低缓，盐田较宽，所产的盐为淡红色，俗称桃花盐，又名红盐；江东地势较窄，盐田不成块，但产的盐却是纯白色，称为雪花盐。

[卷一] 盐的五颜六色

红盐，作为一种地矿盐，磷、铁等矿物质含量高，颜色暗红，曾经作过农用肥。20 世纪 50 年代，国内尚无化肥，为提高农作物产量，有些地方从云南贵州一带产红盐地区，采购红盐作为化肥供应给农民，那时的价格约为白盐（海盐）的一半，每 500 克大约七八分钱。一些山区贫困农民买不起白盐，舍不得用红盐作肥料，冒着中毒的危险留作食用。

另一种是食用之盐。苏轼《橄榄》诗云："纷纷青子落红盐，气味森森苦且严。待得微甘回齿颊，已输崖蜜十分甜。"东坡此诗出现多种解释。青子即橄榄。一种解释是，橄榄木高大，难以采到果实，晚上用红盐擦树身数遍，到早上时，则树上的青果子落满地面。所以有"落红盐"之语。另一种说法与此相仿，说"落红盐"是旧时采收橄榄的古法之一：先用刀斧在橄榄树根部砍出几道伤痕，在伤痕上撒上红盐，待第二天，青色的橄榄果子纷纷掉落地上。

还有一种说法，青橄榄之味青涩，可放在红盐中腌渍，则味甘无穷。

唐代学者段公路有一部笔记作品《北户录》，这是一部记述岭南风土物产、饮食服饰，凡草木果蔬，虫鱼鸟兽无所不包的书。其中有一节是关于红盐的记载："恩州（今广东恩平市）有盐场，色如绛雪，验之即由煎时染成，差可爱也。郑公虔云：'琴湖池桃花盐，色如桃花，随月盈缩，在张掖西北。'按：盐有赤盐、紫盐、黑盐、青盐、黄盐，亦有如虎、如印、如伞、如石、如水精状者。"

红盐原是"戎盐"。宋时所称"西夏盐"，即古之戎盐。因产地不同分为羌盐、胡盐。出于西羌者曰羌盐，出于北胡者曰胡盐。因颜色各异又分青盐、红盐。青盐皎洁如石，昧甘美；红盐色如桃花，质亦美，性甘平无毒。今陕西、新疆、内蒙古西部及青海，皆为戎盐产地。

另有一种红蒙盐，系湖盐产品，内蒙古阿拉善左旗和屯池所产之盐，是天然结晶、沉积而成，色青微红，世称红蒙盐，在西北盐池中，属盐质较佳之品种。

现在依然还有粉红色的桃花盐，在澜沧江西岸的加达村。这里的盐田所产盐，皆为红盐。因3~5月，澜沧江进入枯水季，此时风大光照充足，雨季还未来临，晒出的盐质量最好。下盐井澜沧江西岸加达村的盐田用红色泥土砌成，晒出的盐中含有红土所特有的各种微量矿物元素，颜色呈红色，故名"桃花盐"。

而过了这段时间，雨季来临，就很难晒出好盐了。至今，藏民喜欢用红盐做酥油茶，因为用红盐做出来的酥油茶色彩更好，味道更香醇。

1822年，德国化学家L.格麦林发现了铁氰化钾，因其色朱红如血，俗称"赤血盐"。

这里是独特的芒康晒盐方式。在澜沧江边，2700多块用木头架子支撑起的绛红色的盐田，一块挨着一块，中间有窄窄的栈道连接。图为藏民将卤水背到盐田上进行晾晒。

〔卷二〕 盐的五颜六色

黄色的盐是因为矿物质含量不一样而产生的。

4. 黄土地上的黄血盐

生活中的食盐也有黄色的。有时我们买回一包盐，看见里面的晶体颗粒呈现出乳黄色，不必奇怪。这是因为其中加入了焦磷酸铁，是一种人体所必需的微量元素。这种黄色的盐，比普通盐要贵些，属于"营养盐"，比较娇贵，不可随意乱放，需避高温，避潮湿，否则食盐中的碘会产生反应，变成红色。

化学试剂中也有一种黄色的盐，名"黄血盐"，为浅黄色晶体，溶于水，在化学分析中用作试剂，也用于制造颜料及作淬火剂等。

关于黄血盐的发现，在《化学发展简史》一书中，讲述了这样一则故事。

大约在 1704 年，德国一个叫狄斯巴赫的涂料工人，刷墙时，大概涂料不够了，突发奇想，就找来一堆草木灰，还有牛血，混合在一起，焙烧，然后经过浸取、结晶等过程，得到了一种黄色晶体，这就是亚铁氰化钾，俗称"黄血盐"。

后来，狄斯巴赫将黄血盐放入黄褐色的三氯化铁溶液中，居然产生了颜色鲜亮的蓝色沉淀。经过试验发现，这种蓝色沉淀物，是一种性能优良的涂料，这就是"普鲁士蓝"的诞生。

几十年后，狄斯巴赫把用"黄血盐"和"三氯化铁溶液"这两种黄色物质，生产出蓝色涂料的秘密公开。原来，草木灰和牛血中含有的特殊物质发生化学反应，取得亚铁氰化钾，再与三氯化铁溶液发生反应，生成蓝色的亚铁氰化铁。

还有一种令人炫目的盐，叫"铬酸钠"，黄色，半透明状。该品是 20 世纪 50 年代开始使用，作为一种无机缓蚀剂，它能在金属表面形成一种致密钝化薄膜，与金属结合紧密，具有良好的金属防腐性能。

5. 小家碧玉——绿盐

中国古代的各种医书上，都有对绿盐的记载，其主要特征是，颜色碧绿，可治眼疾。绿盐中外都有出产，国内出产的绿盐是戎盐的一种，产于新疆焉耆县，色绿，味苦无毒，可治眼疾。

中国古代也进口绿盐。世界各地出产的绿盐中以中亚地区的为上乘，主要用于治眼疾。唐代由大秦人和阿拉伯人传入中国，故绿盐的别名又称"波斯盐绿"，是含铜的碳酸盐矿物，又名"孔雀石"。《唐本草》记载其产地在焉耆，为治疗眼疾首选："绿盐，云以光明盐、硇砂、赤铜屑酿之为块，绿色。真者出焉耆，水中取之。状若扁青、空青。为眼药之要。"

唐代李珣《海药本草》则记载其产于波斯。谨按《古今录》云："波斯国在石上生。味咸、涩，主明目，消翳，点眼，及小儿无辜疳气。方家少见用也。按舶上将来，为之石绿，装色久而不变。中国以铜错造者，不堪入药，色亦不久。"要言之，"盐绿"主要来自于西域或者中亚。唐文宗时期西域尚被吐蕃占领，唐之外贸多依靠海路，故称其为"舶来品"。

《新修本草》记载："绿盐，味咸、苦、辛、平、无毒，主目赤泪，肤翳眵暗。补以光明盐、硇砂亦铜屑，酿之为块，绿色。真者出焉耆国。中水取之，状若扁青、空青，为眼药之要。"

李时珍《本草纲目》说："方家言波斯绿盐色青，阴雨中干而不湿者为真。又造盐绿法：用熟铜器盛取浆水一升，投青盐一两在内，浸七日取出，即绿色。以物刮末，入浆水再浸七日或二七取出。此非真绿盐也。"

绿盐，别名"石绿""盐绿"。来源于卤化物类矿物氯铜矿的矿石。青海、湖南、四川、云南、西藏都有出产。其形态为斜方晶系，晶体柱状或板状，晶面具垂直条纹。又为纤维状、粒状、肾状、致密状之集合体。颜色有美绿色、翠绿色或黑绿色，条痕为苹果绿色。光泽金刚石状或玻璃状，透明至半透明，性脆。

化学试验：以火烧之，火焰现天蓝色，置闭口管中加热则生水。酸类能溶之成绿色溶液。

天然绿盐为卤化物类的氯铜矿。由于铜溶液与蛋白质

化合生成蛋白化合物，其浓溶液用于疡面会起腐蚀作用，可消云翳。如误服能刺激胃粘膜引起呕吐、腹痛等。吸收进入体内能破坏红细胞并恶化肝功能，出现急性贫血、眩晕、脉细、体温下降，严重时可致痉挛、麻痹而死亡。故只作外用药。

另外，使用铜炊具，应该避免与盐及酸性菜肴接触，以免产生铜盐，其中即有绿盐成分。

[卷二] 盐的五颜六色

现在市面上出现的"绿色食盐",却不是这里所说的绿盐,而是一种高品质的绿色食盐。

绿色的硫酸铬有着迷人的绿宝石光泽。这是一种工业盐。绿色粉末或深绿色片状结晶。除六水合物外,尚有无水物和多种含不同结晶水的化合物,最多可达 18 分子结晶水。色泽由绿到紫不等。含结晶水的可溶于水,无水物则不溶。

另一种绿色的工业盐为氯化镍。商品多以六水氯化镍为主,其色为翠绿色细粒结晶体。这些晶体的色彩,很容易让人想到翡翠,那是一种浓郁的绿色,透明度高,水头足,如同老坑玻璃种或冰种,质地也细腻,无石纹、无石花、无黑斑等杂质。质地虽不是翡翠,其色却是如翡翠般稀少和珍贵。

6. 青盐压竹梢——青盐

"雪飘飘,雪飘飘,翠玉封梅萼,青盐压竹梢。"

这几句诗,仍是古典名著《初刻拍案惊奇》卷二四《盐官邑老魔魅色》中描写雪景之作。以青盐喻白雪,倒也新奇不俗。寻常白雪,在竹林、翠木的映照之间,呈现出淡淡的豆青色,仔细想想,很是恰当。

青盐亦称"青白盐",是湖盐产品,因其盐色略呈青绿色而得名。三国时期的《魏土地记》一书中有记载:"朔方有大盐池,其盐大而青白,名曰青盐,又名戎盐。"产量以汉代称青盐泽处(今内蒙古杭锦盐湖)最丰。宋代,青盐的盛产地在盐州五原县,有"乌、白二池",即今宁夏盐池县与陕西定边县的北大池和苟池。其中,苟池生产的青盐在历史上很有名,其特点是粒大、色青、茬硬、味咸。

关于青盐的史籍记载，还有《新唐书·食货志》："盐州五原有乌池、白池、瓦窑池、细项池。"上述池水含盐量高，日晒风吹即成盐粒，其品质纯净，尤以乌池最佳。据《水经注》和《本草纲目》记载，其可入药。

在古代，青盐也是戎盐的一种，多产于西南、西北的盐井和盐池之中。北周庾信在《周太子太保步陆逞神道碑》中记载："其为郡也，惟取赤土封书；其为州也，惟以青盐换粟。"

在古典文学作品中，我们常常能看到关于青盐的描写。例如，王实甫《西厢记》第一本第二折："我将这五千人做一顿馒头馅……包残馀肉把青盐蘸。"《红楼梦》第二一回："宝玉也不理他，忙忙的要青盐擦了牙。"沈从文《边城》中写道："油行屯桐油。盐栈堆四川火井出的青盐。"

青盐实在是个好东西。古代没有牙刷，满口黄牙黑牙，一擦了之。宝玉用青盐擦牙，并非曹公杜撰。翻开历代笔记杂著，以青盐健齿的记载，比比皆是。

宋代僧文莹的《玉壶清话》中，有一首揩齿方的歌诀："猪牙皂角及生姜，西国升麻蜀地黄。木律旱莲槐角子，细辛荷叶要相当。青盐等分同烧煅，研末将来使最良。揩齿牢牙髭鬓黑，谁知世上有仙方。"此揩齿方用九味中药与青盐配伍，不仅固齿洁牙，还有乌须黑发的作用。

元代李仲南著的著名医书《永类铃方》中，记载了用青盐保健的方法："取雪白盐花，每早揩牙漱水，点水洗目，闭坐良久，乃洗面，可有明日，坚齿，去翳，大利老眼之功。"

明代学者高濂的《遵生八笺·灵秘丹药笺》中，也载有两则用青盐入方的"擦牙方"："一方用青盐与何首乌、旱莲草汁、细辛、白芷、石膏、黑豆、桑寄生共为末，每日早晚擦牙。一方用青盐与葡萄干、石膏、当归、细辛、没食子、甘草共为末，临睡擦齿，有固齿祛风之功效。"

清·梁章钜的《浪迹丛谈》卷八中，也载有治牙痛固齿的揩齿方："生大黄一两，杜仲五钱，熟石膏八钱，青盐一两，合研为末"。梁章钜因"牙痛颇剧，用此方顿瘥"，把本方誉为"擦牙之第一方"。

从以上这些文字来看，古代的青盐，可以用来作为食盐，但更多的是作为药品和保健品出现的。

青盐在古代，作为药品用于治疗眼科疾病，例如：

《圣济总录》中，记载有一种药，叫"青盐散""青盐，苍术，木贼，可治生翳黑花等症。"

《图书集成》中记载的药方"合散明"："楮实子、覆盆子、车前子、石斛、沉香、青盐，可治小儿雀目，至夜不见物之症"。

《审视瑶函》中的"治青盲方"："菟丝子，补骨脂、巴戟天，枸杞，川牛膝、肉苁蓉、青盐，可治肝肾两虚之青盲初起之症"。

《普济方》中的"治眼赤暗方"："古青钱、青盐、杏仁，可治眼赤暗而明目"。

古代医书中的青盐，实为"戎盐"的一种，多指卤化物类矿产石盐的结晶，主产于西北的盐湖中，陕西、山东、云南等地亦产，常与其他盐矿、石膏以及砂岩、黏土等伴生于沉积岩中。

《本草经疏》记载："戎盐，水汽凝结而成，不经煎炼，而生于涯埃坂碛之阴。其味咸，气寒，无毒。"

青盐的主要形状为正方形或不规则多棱形，直径0.5~2厘米，呈青白色，半透明。有时可见不均匀的蓝色斑点。质硬脆，断面洁净而具玻璃样光泽，表面常因风化而呈脂肪光泽。

今有吉兰泰盐池，在内蒙古阿拉善左旗中部吉兰泰镇境内，乌兰布和沙漠西侧。唐代称"温池"，蒙古语叫"察汗布鲁克池"。这里所产之盐，色微青，是著名的青盐产地。

另有额吉淖尔盐场，位于内蒙古东乌珠穆沁旗境内，盐湖总面积25平方千米，湖内原盐储量2300万吨。盐湖形成历史久远，据史料记载，在清代就有开采。额吉淖尔盐湖盛产的"大青盐"，由天然卤水结晶而成，色青味醇，享有盛誉。

蓝盐为硫酸盐类矿物胆矾的晶体。也有人工合成的含水硫酸铜。

7. 万里晴空——蓝盐

蓝色的盐，很多人没见过。如果看到，那一定是惊艳。首先不相信自己的眼睛，那么蓝，蓝得纯粹，那不是蓝宝石吗？或者是蓝水晶？

再看标签，上面写着"硫酸铜"，其实就是一种盐，蓝色晶体，漂亮极了。

同样的蓝色，同样的光泽，同样的惹人喜爱，可价格却是天壤之别。蓝宝石的价格以克拉计，1克拉蓝宝石的价格基本上在3000元以上，优质蓝宝石价格会更高。而硫酸铜的价格，每千克15元左右。

中国古代，有一种五水硫酸铜曾作为中药使用。它有个俗称，叫胆矾。

这是一种分布很广的硫酸盐矿物。它是铜的硫化物被氧分解后，形成的次生矿物。

在中国古代医书上，胆矾有很多别称：蓝矾、铜矾、石胆、毕石、黑石、铜勒、胆子矾、鸭嘴胆矾、翠胆矾等。

胆矾作为一种药品，具有催吐、祛腐、解毒、治风痰壅塞、喉痹、癫痫等作用。但其有毒，误服、超量均可引起中毒。

李时珍《本草纲目》记载："石胆，其性收敛上行，能涌风热痰涎，发散风木相火，又能杀虫，故治咽喉口齿疮毒有奇功也。"

胆矾产于铜矿床的氧化带，也经常出现在矿井的巷道内壁和支柱上，这是由矿井中的水结晶而成的。胆矾的晶体成板状或短柱状，这些晶体集合在一起则呈粒状、块状、纤维状、钟乳状、皮壳状等。它们具有漂亮的蓝色，但如果暴露在干燥的空气中会因为失去水而变成不透明的浅绿白色粉末。

胆矾主产云南、山西、广东、陕西、甘肃等地亦有矿产。

硫酸铜的用途很广，通常与石灰乳混合，可得波尔多液，用作杀虫剂。硫酸铜也是电解精炼铜时的电解液。

无水硫酸铜本身是白色或灰白色粉末，吸水后反应呈蓝色。其中，色彩最漂亮的是五水硫酸铜。

五水硫酸铜为不规则的块状结晶体，大小不一。五水硫酸铜的蓝色，不是清澈透明的天蓝，不是深沉肃穆的普蓝，而是散发着梦幻与优雅气息的宝石蓝。因硫酸铜吸水的多少，能呈现出各种深蓝或浅蓝色，半透明，似玻璃光泽。其质脆，易碎，碎块呈棱柱形，断面光亮、无臭，味涩。

产品以块大、深蓝色、透明、无杂质者为佳。

蓝色的硫酸铜不是稀世珍宝，只是盐类家族中普通的一员，但它的那种天蓝的色彩给人如梦如幻之感，而且它的色泽非常丰富，可分为天蓝、滴水蓝、洋青蓝、淡蓝、蔚蓝、黑蓝、灰蓝等。其中，有一种雨过天晴万里晴空之蓝，这种"蔚蓝色"和透明如水的"滴水蓝"为最佳。

8. 乌金黑盐

食盐之中，黑盐一直存在。中国古代的黑盐主要是作为药用。

维吾尔族医学中，黑盐叫做"卡拉土孜"，是维药的一种。据《药物之园》记载："黑盐，一种矿物盐，是产于矿区的黑色食用盐，也是食盐的一种，色黑，质硬，味咸，易溶于水中；以黑色、质硬、味咸者为佳品。"

根据上述《药物之园》所述的药物特征和实物对照，与现代维医所用黑盐一致。

中国古代已有黑盐生产，当时叫"炭盐"。这是一种用原始方法制作的盐。其制作方法是："将卤水洒在火炭上淬成，盐混于炭黑，故名。"《太平御览》卷八六五引《益州记》说："汶山、越巂，煮盐法各异。汶山有醎石，先以水渍，既而煮之。越巂先烧炭，以盐井水泼炭，刮取盐。"

还有一种黑卤水，简称"黑卤"，主要产在四川盆地三叠系嘉陵江组和雷口坡组的碳酸盐岩中，有悬浮物和黑灰色沉淀，呈黑灰色，具有强烈的硫化氢气味。

国外也有黑盐。俄罗斯科斯特罗马省的居民，至今有制作并食用黑盐的习俗。制作时，先取些大粒盐，加上水发黑麦面包，拌匀，用布包上，拿线系好，然后放在火上烧。等碳化之后，再捣碎、筛净。吃时洒在食物上。

本地人也说不清为什么要这样做，他们只知道这是祖辈相传，并觉得黑盐比白盐香。

此外，还有一种"洁白味美"的盐，也称为黑盐。此盐矿位于云南楚雄彝族自治州禄丰县。这里有一座闻名遐迩的盐矿，叫"黑井盐"，所产之盐，也就简称为黑盐了。

黑盐，在中国古代主要作为药用。黑盐主治腹胀气满，以酒而服。

9. 贺兰山：彩盐博物馆

　　贺兰山，在宁夏回族自治区与内蒙古自治区交界处，北起巴彦敖包，南至毛土坑敖包及青铜峡。山势雄伟，若群马奔腾。唐朝李吉甫在《元和郡县志》中记载："山多树林，青白望如驳马，北人呼驳为贺兰。"这是贺兰之名的来历。

　　虽说贺兰山曾经"山多树林"，由于特殊的地理原因，自古干旱风多，水源奇缺。更有"五月飘雪，十月结冰"等严酷的地理和气候环境。

　　贺兰山为南北走向，绵延200多千米，宽约30千米，是中国西北地区的重要地理界线。山体东侧巍峨壮观，峰峦重叠，崖谷险峻。向东俯瞰黄河河套和鄂尔多斯高原。山体西侧地势和缓，没入阿拉善高原，著名的贺兰山盐场，就位于这里。

　　阿拉善是我国著名的池盐生产区，大小58个白色盐湖分布在贺兰山西边的沙漠里。其中，吉兰泰盐场在这些盐湖中面积最大。

五彩缤纷的盐，是所含不同的矿物质元素决定。盐类世界的多姿多彩不仅体现在它幻化而成的千奇百怪的自然景观中，更令人惊奇的是，它还能带给我们视觉、味觉和嗅觉上的巨大震撼。

岩盐的盐苗和湖盐的结晶是不一样的。盐苗是由雨水冲刷、流蚀而形成的。

由于盐湖处于贺兰山北端的乌兰布和沙漠、西边的腾格里沙漠和巴丹吉林沙漠的三面包围中，距离乌兰布和沙漠最近。乌兰布和是蒙语，意为"红色的公牛"，所以贺兰山盐被誉为"红色公牛背上的白色骑士"。

贺兰山西侧的盐业开采，最早可追溯至汉代。西夏时，这里的盐成为西夏王朝和宋、辽交换所需的铜铁、丝绸、粮食的重要战略物资。清代，这里已经成为清朝13个大盐场之一，所产之盐，远销至陕甘晋宁等地。阿拉善盐的运输，依靠骆驼，横穿贺兰山，直接向东，到达贺兰山东边的内蒙古磴口，再利用公路、水路运输到山西省境内。

这就是中国运盐史上最独特的一种方式——驼运。运盐季节，成千上万匹骆驼从内蒙古草原上云集而来，一片人欢驼叫的繁忙景象。满载盐袋的骆驼一链接一链，从大漠深处走来，一路向东，越过贺兰山。驼铃悠悠，夕阳西下。中国盐业史上唯一的一条大规模运盐驼道由此形成。

吉兰泰盐场与贺兰山西侧的察汗布鲁克盐池、雅布赖盐池、和屯盐池等8处盐池一起合称为阿拉善盐场。

吉兰泰盐场规模庞大，目前有职

工5000多人，已成为集制盐、盐化工、生物制药三大产业于一体的现代化盐业集团，位于内蒙古阿拉善左旗中部吉兰泰镇境内，乌兰布和沙漠西侧。唐代称"温池"，蒙古语叫"察汗布鲁克池"。吉兰泰盐场、通湖盐池所产之盐，洁白如雪，被称为"雪花白盐"。

察汗布鲁克盐池产青盐；和屯盐池和昭化盐池产红盐；梧桐海盐池产黑盐。

很难想象，贺兰山西部这些色泽不同的盐，都出自荒芜的沙漠与戈壁之中。其色之瑰丽，其彩之缤纷，构成了中国盐池中独具特色的彩盐博物馆。

数亿年前，喜马拉雅山脉地区原是一片汪洋，后经南亚次大陆的喜马拉雅造山运动，沧海桑田，太阳能晒干了海水后产生了结晶的海盐，经过几亿年的地质挤压与地下高温作用，将地底的矿物与海盐结合形成了"盐的化石"——玫瑰盐，这是大自然珍贵的宝物。因富含天然矿物，外表多呈现晶莹剔透的粉红色结晶盐体，故名玫瑰盐。

10. 柴达木盐湖——百变盐花

柴达木盆地原是一片浅海，2亿年前，由于板块运动，海水逐渐从盆地退去，从而上升为陆地。

在其漫长的海陆变迁过程中，由于各种地质作用，为不同矿产资源的形成创造了良好的条件。海陆变迁，把大量的海洋生物掩埋在地下，转化为石油及天然气；地壳运动，造就了铅、锌等储量可观的矿藏；火山喷发，岩石风化，又经过长时期的水流冲击，把大量盐类物质还有众多的稀有金属，汇聚在一起，水分在干燥气候条件下蒸发，最后就形成了盐湖及盐类矿床。

目前已探明，柴达木盆地盐储量约640亿吨，镁盐48亿吨，钾盐4.4亿吨。盐类沉积储量居世界之冠，是一个盐的世界。

柴达木盆地，在青藏高原东北，四周大山围绕，构成一个北西、南东

落日熔金。蓝天、白云、湖水及荒漠，构成了一幅心旷神怡的壮美画卷，令人流连忘返。柴达木盆地有43个盐湖，占青海全省盐湖总量的60.56%，为主要盐湖分布区。著名的有茶卡盐湖、察尔汗盐湖和柯柯盐湖。

[卷二] 盐的五颜六色

向的不规则的菱形向心汇水盆地，一直被誉为"聚宝盆"，这个比喻很形象，里面最大的宝贝，就是盐。

柴达木盆地是我国内陆大型山间盆地，"柴达木"是蒙语，意思是"盐泽"，这是一个给人荒凉、苦寒印象的名字，也确切地表达出柴达木盆地所处的西部自然环境。

柴达木盆地内，有湖泊51座，其中淡水湖1座（克鲁克湖），半咸水、咸水湖7座，盐湖43座。

柴达木盆地气候干旱，多风少雨，具有高原荒漠的气候特征。年降水量在50毫米以下，却是世界上蒸发量最大的地区之一。

柴达木盆地有6个面积巨大的干盐湖，分别是马海、昆特依、大浪滩、察汗斯拉图、一里坪、察尔汗盐湖，盐类沉积储量居世界之冠。

这些盐湖，有的湖水清澈，湖面平静。岸边绿草如茵，四周群山环绕；有的静卧于荒漠之中，湖边盐花漫卷，像美丽的项圈；有的镶嵌在巍峨的雪山之间，湖水清澈碧绿，像丝巾飘扬在山间。

由于这些盐湖的湖面海拔高，湖水深度浅，再加上盆地气候干燥，蒸发量大，大部分盐湖已经干涸，湖里面的盐凝结，形成几十厘米到1米多厚的坚硬盐壳，下面盐结晶，有几十米深。盐壳上可以行驶汽车，建造房屋，

盐的景观（中国篇）

铺筑铁路，起落飞机。还有一些盐湖，风吹日晒，溶蚀成千姿百态的形状。

去察尔汗盐湖，可以走敦格公路（敦煌至格尔木），从格尔木向北，行驶几十千米，或从大柴旦镇向南，行驶几十千米，即可到达察尔汗盐湖。

这种奇形怪状的景观，并非建筑物，而是柴达木盐湖里的盐花，天然生成的。

盐钟乳石。由岩盐、石膏、芒硝等蒸发盐类构成的钟乳石之统称。常见于蒸发盐岩洞穴及老盐矿井中。

西部盐湖，如遇上合适的天气，可以看到盐湖上的"海市蜃楼"奇景：远方云蒸霞蔚，水波荡漾，一片白花花的潮水不停翻涌着，水面上能够清楚地看到连绵起伏的山峦，还有山间的城市，高楼大厦，山野上，有阡陌相接的小路、茂密的灌木，一旁还能看到波光粼粼的湖面。整个画面被一层薄雾笼罩，若隐若现，天地相连，远处美景仿佛触手可及。

大自然像一位神奇的造物主，那些盐湖中的结晶盐形状奇异多姿，颜色五彩纷呈，有白色、蓝色、黄色、粉红色等。由于风吹日晒，还会开放出各色各样的盐花，卤水浩渺的盐湖散发出美妙的光芒，湖畔盐晶莹剔透，千姿百态。

察尔汗盐湖中，有一种"钟乳盐"，状若冰凌，酷似南方喀斯特溶洞中的石钟乳。在达布逊盐湖的北滩，由于微风吹荡，形成了许多珠状盐粒，一颗颗，一堆堆，宛若珍珠，因此有"珍珠盐"的美称。

在大风山一带的盐湖中，有一种玻璃盐，其晶体晶亮透明，无论大小都是规则的正方形，状如水晶，因此又称"水晶盐"。玻璃盐是制造光学镜片不可多得的材料，在红外光谱仪器等光学工业上应用广泛，也是优良的雕刻材料。其盐体一般成方块状，大者数百千克，小者几千克，透明度可与玻璃媲美，刚出土的玻璃盐，呈黄、橙、蓝、粉红、乳白等色，不仅有宝贵的收藏价值，还有重要的工业价值和珍贵的工艺美术价值。陈列在人民大会堂青海厅的工艺品——盐雕毛泽东诗词《沁园春·雪》，就是用玻璃盐雕制的。

目前，青海有大大小小的盐湖 100 多个，景观绚丽、奇美，储量十分丰富。盐湖，历来被认为是青海的第一大资源，位居全国第一。在众多的青海盐湖中，著名的有茶卡盐湖、察尔汗盐湖和柯柯盐湖，它们都分布在柴达木盆地。

柴达木盆地面积约有 25 万平方千米。星罗棋布的盐湖成为中国西部最迷人的景观之一。那些盐湖，有的与雪山为邻，绵延的山峦和皑皑的白雪倒映湖中，有时，你分不清哪里是雪，哪里是盐，雪山倒映盐湖里，那就成了真正的雪花盐了。

有的盐湖静卧在荒漠中，四周有雪白的盐带围绕，在阳光下宛若一只耀眼的银项圈。更多的是，很多盐湖早已干涸，凝结为坚硬的盐石，铁路公路都可以从上面通过。而那些盐石，千姿百态，宛若风采卓然的云南石林。

【卷二】 湖盐：皑皑漫漫，璀璨晶明

盐的湖光山色

据《中国盐湖志》记载，我国一平方千米以上盐湖就有813个，面积近4万平方千米，绝大多数分布在我国西部。

盐湖之美，除了寻常湖泊所具有的湖光山色，还有盐场、盐景、制盐等特殊的盐景观。中国盐湖的盐场各有特色，比如西藏自治区东部因为地质和气候的缘故，还保留着最原始的土法晒盐；山西运城的河东盐池曾是古代盐务的兴旺地之一，除了著名的盐松景观，还有许多与盐有关的人文景观；茶卡盐湖有取之不尽的天然结晶盐。我们可以惊奇地看到盐的多种形状，如珍珠盐、玻璃盐、珊瑚盐、水晶盐、雪花盐、粉条盐、蘑菇盐等，简直就是一片"银海"世界。

1. 沃野千里——察尔汗盐湖

无论你是选择公路还是铁路在西部旅行，当令人流连忘返的青海湖从视野中消失，一切开始归于沉寂，呈现在眼前的，是渺无人烟的西部荒原。这片土地是中国人口密度最低的地区，一条孤独的公路与铁路相依而行，仿佛永无止境。很长时间，你看不到一个村庄，看不到任何地名牌。

只有快要到达格尔木的时候，天蒙蒙亮，你忽然看见，外面下雪了，白茫茫一片。天亮之后才发现，那不是雪，路两边出现的是一片片灰白色的水洼地。原来，著名的察尔汗大盐湖到了。

窗外是一片望不到边际的盐田，若干个盐池整齐排列，

察尔汗湖中的盐晶体。晶莹洁白，碎玉满地。

[卷二] 湖盐·皑皑漫漫，璀璨晶明

在晴空里，水天一色，形成了"沃野千里"的奇观。察尔汗盐湖是一个"不沉的湖"。由于盐盖异常坚硬，所以在湖面上可以修公路、建铁路、造高楼，形成湖面车水马龙，湖下碧波荡漾的奇观。横跨湖上长32千米的"万丈盐桥"，是世界上最长的盐桥。整座桥由盐铺成，属于桥梁史上的奇迹。

盐湖之上，可以看到我国自行设计制造的第一条大型现代化采盐船，也有普通的小型挖掘船。这里是青海盐湖集团的盐田，每个盐池占地3平方千米，一共110平方千米。

"察尔汗"是蒙古语，意为"盐泽"。盐湖地处戈壁瀚海，这里气候炎热干燥，日照时间长，水分蒸发量远远高于降水量。几亿年前，这里曾是一片汪洋大海，经过沧海桑田，地壳上升，海底裸露，柴达木变成了盆地，形成了几十座大大小小的湖泊，其中察尔汗盐湖最大，举世罕见。由于降水稀少，蒸发量大，湖内高浓度的卤水逐渐结晶成盐粒，形成数米厚的盐板块，

盐花是盐湖中盐结晶时形成的美丽形状的结晶体称谓，是卤水在结晶过程中因浓度不同、时间长短不一，成分差异等原因，形成了形态各异，鬼斧神工一般的盐花，它们或形如珍珠、珊瑚；或状若亭台楼阁；或像飞禽走兽，一丛丛，一片片，一簇簇地矗立于盐湖中，如同仙境。

板块下面是卤水。

　　察尔汗盐湖由于作业需要，湖面被分割成块状，远远望去，如一片耕耘过的沃土。天气晴朗之际，湛蓝的天空和白云倒映在湖面上，水天一色。虽然看不见浪花潮涌，但盐湖中的许多绝色盐花，却是朵朵盛开，天气炎热的时候，盐湖之上常会出现海市蜃楼奇景。

　　有时，你在察尔汗盐湖可以看到仿佛兵马俑的造型和阵势。这是察尔汗盐湖奇观，温度、溶解度和地形的巧妙结合，让这片盐晶体整齐矗立，形成湖岸边这一别致的风景。

　　察尔汗盐湖中，含有多种化学元素，在阳光的照射下，湖水的颜色变幻莫测，各种盐晶体也层出不穷。在湖面周围，有一圈圈凝结的银色盐带，湖中生长着形态各异的盐

花，由于浓度、凝结时间、所处位置、元素含量等因素差异，这些盐花，有的如珊瑚，有的似雪花、冰凌，有的凝霜，有的如礁石，层层叠叠，银光闪闪，变幻莫测，形成"盐海玉波"的奇观。千奇百态的盐雪花、盐亭盖、盐珊瑚、盐钟乳是盐湖孕育出的奇观。

五光十色的盐晶体，形状奇异，珍珠盐、雪花盐、葡萄盐、玻璃盐、水晶盐都是察尔汗的珍品。尤其是珍珠盐，被誉为"盐湖之王"，颗颗纯白如雪，粒粒莹洁如玉。在阳光照射下，湖中饱含多种元素的卤水忽而瓦蓝，忽而雪白，湖中蚀变后的盐块晶体，因为阳光的折射，呈现出五彩斑斓的光泽。西部盐湖壮观的湖面上，展示着大自然雄浑壮阔而又神奇诡谲之美。

察尔汗是蒙古语"盐的世界"之意。由于盐湖地处戈壁瀚海，这里气候炎热干燥，日照时间长，年降水量不及蒸发量的百分之一，一切绿色植物均难以生长。但由于长期风吹日晒，湖内便形成了高浓度的卤水，逐渐结晶成了盐粒，湖面板结成了厚厚的盐盖，异常坚硬。

2. 万丈盐桥

中国造桥艺术，在世界上首屈一指。且不说古老的赵州桥、潮州奇异的湘子桥，单是泰顺一带造型奇特的各式廊桥，就数不胜数。但是在中国西部，还有一种"盐桥"——用盐做成的桥，也许你会觉得匪夷所思，盐怎么可以做成桥？

事实上，著名的"万丈盐桥"，就是用盐铺就的。

这座神奇的桥，位于青海省的柴达木盆地南部，在察尔汗盐湖之上。南距格尔木约 60 千米，北距海西蒙古族，距藏族自治州大柴旦镇约 30 千米。这座桥的奇特之处在于，其建筑材料，既非木料砖石，也非钢筋水泥，而是天然的盐。桥下没有一根桥墩或立柱，它悬浮在中国最大的盐湖——察尔汗盐湖之上，盐桥全长为 32 千米，折合市制可达万丈，横跨整个察尔汗盐湖，素称"万丈盐桥"。它是举世罕见的一种路桥，也是柴达木盆地的一大奇观。

万丈盐桥，诞生于 50 多年前。当时的柴达木盆地还是一片荒原，但它被阿尔金山、祁连山、昆仑山等著名山脉环抱着，在大片大片的戈壁、瀚海、盐渍土下面，有丰富的石油、天然气、钾盐等矿藏。此外，这片区域还分布着几十个盐湖，由于盐湖地区土壤含盐量高，植物、动物均不能生存，因而被称为"生命禁区"。

1954 年，为了修建青藏公路，打破这片"生命禁区"，成为筑路大军的首要任务。几十千米的盐桥，也是在当时特殊的环境与条件下，一次偶然的突发奇想。

1954 年 11 月，筑路大军一路披荆斩棘，铲坡填沟，

闯进了察尔汗盐湖，但是，盐湖上厚厚的盐层底下，有许多溶洞。这片溶洞区，如果无法处理，那么敦格公路就要改道。

一个溶洞就是一个陷阱。这是由于湖北面渗入的地下淡水，在漫长的岁月中溶蚀盐层而形成的，上窄下宽，形状就像一个个大头朝下的喇叭。用钢钎向下一插，探不到底，卤水至少有 3 米深，要是汽车不小心栽进溶洞，根本无回天之力。

在寻找这些溶洞时，撬出许多几十厘米厚的盐板块。筑路工人突发奇想，何不用这些盐板块铺路呢，这个想法，

万丈盐桥，是察尔汗盐湖上的奇观。原先由盐粒铺路。如今改成油面路，但路基却是坚硬的盐壳。全长 32 千米，公路和铁路由此穿行而过。公路是 215 国道，由格尔木至敦煌中的一段；铁路是青藏铁路的一段。如今的万丈盐桥，道路宽阔，既无桥墩，又无栏杆，整个路面平整光滑，坦荡如砥。

大家认为很值得一试。于是，工人们就地取材，搬来了一块块大盐板，垫起了一条盐板路基。由于这些盐板坚硬，汽车安全开过了500多米宽的溶洞区时，也宣告用盐块铺路的新方案，切实可行。

于是，一座亘古未有的"盐桥"横卧在察尔汗盐湖之上。有趣的是，万丈盐桥由于路面过于光滑，汽车开得太快，就会打滑，所以，桥头的木牌上，限定最高时速不得超过每小时80千米。

盐桥的养护方法十分奇特。平时，一旦路面出现坑凹，养路工人通常是就地取材，从附近的盐块上，砸一些盐粒，然后铺平凹坑，再到路边的盐水坑里，滔一勺浓浓的卤水，往上一浇，盐粒很快融化，使其结晶凝固，坑凹处便完好如初，汽车就能在上面行驶了。盐路面使用一段时间后，因磨损会造成表层松散或不平，这时就得添补新料和洒浇卤水，以恢复应有的强度和平整度。

万丈盐桥，是生命禁区的奇迹，虽然经历了半个多世纪的风霜雪雨，仍历久弥新、平坦如砥。汽车行驶在盐桥之上，路面光滑平坦，山色湖光相映，一路上银光闪闪，可以看到盐湖中卤水蒸发形成的遍地盐花，像珊瑚、像珍珠、像山峦……一簇簇，一丛丛，一片片，满湖之中，处处可见，晶莹剔透。

青藏铁路西宁至格尔木段通车后，万丈盐桥出现了姊妹桥——铁路盐桥，而且铁路盐桥的长度，比公路盐桥更长，从其建造结构来讲，也更具有桥的意义。

为了让铁路安全通过这片盐湖，在施工过程中，采取了在盐湖上钻桩孔，再将砂石灌进去，造砂石桩的技术来支撑铁路，在察尔汗盐湖中，总共有近6万根砂石桩"桥墩"，有了桥墩，万丈盐桥，也算是名副其实。

现在，从公路盐桥上遥望，笔直的铁路盐桥真的像一座桥了，桥头堡是分别矗立于两端的达布逊火车站和察尔汗火车站。而从铁路盐桥眺望，最新铺上沥青的公路盐桥，宛如一条蓝色的飘带，飞扬在雪白的察尔汗盐湖上。

这是盛开在万丈盐桥两侧的美丽盐花。万丈盐桥道宽路长，风光无限。每年有数万人来到这里参观。只见笔直坦荡的路桥，像一把利剑将浩瀚的盐湖一劈两半。

盐的景观（中国篇）

3. 河东盐池

中国的盐湖中，最著名、历史最悠久的，当数河东盐池。

河东盐湖位于山西省西南部运城以南，中条山北麓，是山西省最大的湖泊，被称为"中国死海"，世界第三大硫酸钠型内陆湖泊，面积为132平方千米，已有4000多年的开发历史。盐湖南依苍翠高峻的中条山，北靠峨嵋鸣条岗，东连涑水瑶台，西接黄河古渡。湖内银泊万顷，浩渺广阔，芦苇湿地环绕，水禽候鸟族聚。

此地古代为解县和解州之地，故又名解池。运城盐湖自古以产盐著名，所产之盐称"解盐""潞盐""河东盐"。

河东盐池形成于新生代喜马拉雅山构造运动时期，距今约5000万年历史，一方面由于山出海走，此处较周边地势低洼，大量含盐类的矿物质汇集在这里，经过长期的沉淀蒸发，形成天然盐湖；另一方面由于盐池水源中含有大量可溶性盐类矿物质，使池水虽经千万年不断取用，其含盐量有增无减。

运城盐湖，亦称河东盐湖，位于山西运城市，是山西最大的湖泊。运城盐湖形成于新生纪第四代，由于山出海走，大量盐类矿物质的汇集，长期沉淀蒸发，形成了天然的盐湖，可同闻名于世的死海相媲美。

[卷二] 湖盐·皑皑漫漫，璀璨晶明

百里盐湖，浩浩荡荡，十分壮观，犹如一颗璀璨明珠，镶嵌在巍巍中条山下。河东盐池，在古老的中国盐业史上，留下了辉煌的一页，由此形成的河东盐池文化，成为中国文化的重要篇章。无论是沈括的《梦溪笔谈》、柳宗元的《晋问》里，还是众多诗人学者的专著中，都留下了对河东盐池的记录与赞美。

　　《梦溪笔谈》中，有《解州盐池》一文，记载了解州盐池的历史与生产过程。

　　"解州盐泽方百二十里，久雨，四山之水悉注其中。未尝溢，大旱未尝涸。卤色正赤，在版泉之下，俚俗谓之'蚩尤血'。唯中间有一泉乃是甘泉，得此水然后可以聚。又，其北有尧梢水，亦谓之'巫咸河'。大卤之水，不得甘泉和之不能成盐，唯巫咸水人，则盐不复结，故人谓之'无咸河'，为盐泽之患，筑大堤以防之，甚于备寇盗。原其理，盖巫咸乃浊水，入卤中则淤淀卤脉，盐遂不成，非有他异也。"

　　河东盐池的卤水中，含有大量硫酸钠和硫酸镁，且卤水浓度很高，结晶后成为"糊板"状，不易铲取加工，而且结晶成的盐，味道咸苦，称为"苦盐"。适当掺入淡水，起稀释卤水的作用（这一道工序又称"引水种盐"），可以获得粒大、色白、洁净的食盐。沈括此记载，是一份重要的技术史料，所述"大卤之水，不得甘泉和之不能成盐"以及"巫咸水入，则盐不复结"的经硷，一直为后世所遵循。

　　河东盐池是古代中原各部族共同争夺的一个目标。

　　为了争夺河东盐池，黄帝分别与蚩尤和炎帝进行了两场战争，即历史上著名的"涿鹿之战"和"阪泉之战"。这两场战争的胜利，使黄帝牢牢控制了河东盐池，控制了中原地区的食盐命脉，最终成为各部族首领，被后世尊为"中华始祖"。

　　河东盐池的生产，最初是采取"捞取法"，天日暴晒，自然结晶。这里有晒盐所需的良好条件。夏季，此地是华北最炎热的地区之一，光照丰富，年降水量约为520毫米，蒸发量却高达2300毫米。借助南风，是河东盐池的一个突出特点。

南风穿过中条山谷地，由于狭管效应，风力加强，猛烈地横扫盐池，吹散了晒卤水时产生的水蒸气，使阳光能更有效地照射卤水，卤水持续蒸发，加快了盐晶体析出。这里的南风猛烈到何种程度呢？从下面的事例中可见一斑，在盐池湖畔的蚩尤村（现名长寿村）中，民居不再是北方传统的坐北朝南式，而必须建成坐南朝北，以躲避南风。

由于"捞取法"未经任何加工，盐晶体中含有硫酸镁等杂质，故盐味极苦。

东汉时期，河东盐池开始采取"垦畦浇晒法"，人工垦地为池，池边挖水沟，引湖水入池，蒸发结晶。此盐亦苦。

唐代，盐工们开始用淡水搅拌卤水晒盐。在结晶过程中，各种杂质分解，形成"硝板"。这样，盐味不再苦涩。此法是制盐史上的一次革命，在世界范围内居领先地位。

此后的千年时光中，河东盐池一直是中国盐业生产的重要支柱，辉煌时期，仅此一地的盐税，占全国财政收入的1/8。

至清代中叶，因卤水淡化，河东盐池的产盐能力急速衰退，而随着现代科技和交通的发达，海盐的生产和运输成本降低，河东盐池逐渐退出了盐业生产的舞台。

但是，进入现代化时代，古老的河东盐池又重获新生。河东盐池现在是中国著名的"死海"，盐浴文化方兴未艾。即使不会游泳的人，也尽可放心地仰卧水面，伸开四肢，在盐湖里自由漂浮。

更为奇特的是，大部分盐池周围因含盐量大，致使各种生物无法生存，而运城盐湖却是水草丰茂，芦苇簇岸，处处鸟语花香，生机盎然。

4. 盐池神庙

　　中国盐湖很多，但是能够像盐池这样历史悠久，形成盐文化的地方不多。盐神庙，当地人也称为"池神庙"，这河东盐文化的重要内容。

　　上古时期，传说中的尧、舜、禹均在运城盐池附近设过都城。

　　池神庙始建于唐大历十二年（777年）。史载：那一年，由于阴雨连绵，酿成灾害，民户房田多被损坏，运城盐池生产也受到很大损失。雨住天晴，人们意外地发现，在盐池里长出了红盐，认为是祥瑞的征兆，便向朝廷报告。

　　盐官将此事报奏朝廷，称此乃大吉大瑞之兆。唐代宗李豫派员核实后龙颜大悦，赐运城盐湖为"宝应灵庆池"，钦定在盐池建庙，赐封池神为"灵庆公"。此后，历代皇帝对盐池均有加号封爵。

　　传说归传说，但盐池是个摇钱树、聚宝盆，国家财政的重要来源，后来历朝历代君主，都希望盐池能给国家增添赋税，因此都会对池神庙进行扩建和修缮。唐、宋、元、明、清及近代六个时期的历史文化及建筑风格都有突出的表现，如唐代三大殿、宋代包拯整治盐务遗址、元代碑廊戏楼、明代禁墙、清代御旨等。这些建筑、遗迹，或古朴悠远，或庄严肃穆，或大气磅礴，汇聚成一幅关于盐文化的历史画卷。

　　目前，池神庙现存主要建筑为明嘉靖十四年修建，庙内山门、过殿、中部3座戏台并峙。

　　池神庙主体建筑有三大殿，中殿祀奉盐池之神，左殿祀奉条山神，右殿祀奉风洞神。三座大殿"并立及拥携"

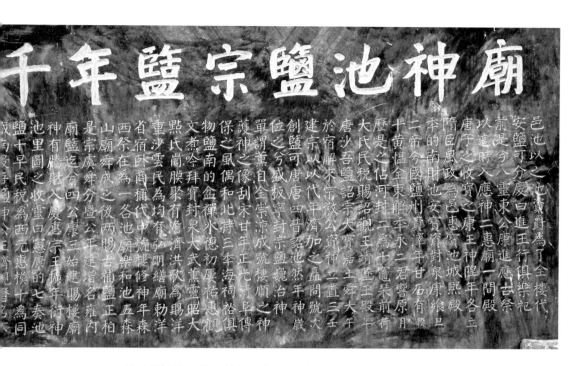

运城盐池神庙的碑刻。

的建筑风格，独具特色，自成一派，世所仅有。

三殿所奉神祇不同，按明嘉靖碑文载：中殿奉东池神与西池神，东殿奉条山（即中条山）风洞之神，西殿奉忠义武安王之神。殿身宽、深各五间，四周环廊，重檐九脊顶，雕梁画栋、精致壮观。

面对大殿，左面是风神庙，中间是池神庙，右边是日神庙。池神庙额匾下，另有一块牌匾，写的是"钦赐灵庆工神祠"。风神庙顶装饰上有"风调雨顺"4字，池神庙顶为"国泰民安"，右边日神庙顶的字是"天下太平"。

元、明两通石碑高约6米，矗立在阶前两侧。

此外，在盐池里，受到封建王朝重视并封赐神号的还有众多的神，而且还为他们建造了神庙。

太阳神：太阳神庙又称日神庙，在池神庙东。太阳神庙是在明代万历年间由巡盐御史汪以时和盐运使林国相建筑的。

雨神：雨神庙在太阳神庙的左边，明神宗万历三十八年（1610年）由巡盐御史杨师程创建。

甘泉神：池神庙前有两眼淡水泉，经冬至夏，泉水汩汩不断。淡水为晒盐所必需的，所以才被封为甘泉神。宋徽宗崇宁年间封甘泉神为普济公。甘泉神庙也在池神庙前。甘泉神庙始建年代不详。

土地神：土地神庙在池神庙西。明神宗万历三十八年（1610年）由巡盐御史杨师程建立。

关帝：关帝庙在池神庙东侧。据民间传说，在宋真宗大中祥符年间（另一说法是在宋徽宗政和年间），被轩辕黄帝杀死的蚩尤的精灵在运城盐池作乱，影响盐业生产。宋朝皇帝依照护国张天师的建议，摆设香案，祷告已经成为天神的三国名将关羽的神灵下凡除妖。后来，关羽果然率领天兵天将来到运城盐池讨伐蚩尤，并又一次将他杀死，这才使运城盐池的生产恢复正常。这就是在民间广为流传的《关公战蚩尤》故事。由于关帝也有功于运城盐池，所以，他也受到特别的奉祀，而且，在各家盐号里都敬奉有关帝的神位，为他建造了祠宇。

整个卧云岗上的池神庙，曾经是一个以池神庙建筑为主体，配以众多的神庙建筑所组成的一个规模宏大、气势壮观的建筑群体。经过历代工匠的精心构筑，不断扩建，具有相当高的建筑艺术水平。可惜的是，很多建筑物毁于战火，保存下来的这部分池神庙主体建筑，现为运城盐池历史博物馆所有，展示给人们一个关于盐的文化世界。

5. 玉树琼枝：盐硝凇

　　在东北的吉林，有一种特殊的自然现象，叫雾凇。每当雾凇来临，吉林市松花江岸十里长堤"忽如一夜春风来，千树万树梨花开"，柳树结银花，松树挂冰凌，把人们带进一个晶莹剔透的冰雪世界。雾凇是学名，也叫树挂。如此美景，当地人还有许多更形象的名字，因其美丽皎洁，晶莹闪烁，像盎然怒放的花，被称为"冰花"；又因其在

凛冽寒流袭卷大地、万物失去生机之时，像高山雪莲，凌霜傲雪，又被称为"傲霜花"。此外，还有"琼花""雪柳"等美名，从而成为雪国一景。

生活在北国的人们，除了冰清玉洁的雾凇、雪凇之外，在山西运城的河东盐池，还有一种"硝凇"自然现象，与雾凇、雪凇有异曲同工之妙。

大约在每年元旦前后，河东盐池一片近 14 公顷的盐中，出现了美丽的"硝凇"奇观。白色针状结晶的芒硝晶体从盐水中析出，凝结在一起，形成一簇簇晶莹剔透的"玉树琼枝"。

此种奇观需要特定的气候条件才能产生，故平时非常少见，大面积成片产生更是稀奇。

产生硝凇的具体条件是：在强冷空气的影响下，气温低于 −10℃，同时盐池中卤水浓度高，且温度在 −5℃ 时，盐湖水中的硫酸钠会结晶而出，形成"硝凇"。

硝凇晶莹美丽，其状像菊花，像珊瑚，像仙人掌。整个盐池布局呈井田格分布，盐硝如雪，景色壮观。

山西运城盐池中的盐花。冬日，河东盐池一片近 14 公顷的水域中，出现了美丽的"硝凇"奇观。白色针状结晶的芒硝晶体从水中析出，凝结在一起形成一簇簇晶莹剔透的"玉树琼枝"。

[卷二] 湖盐：皑皑漫漫，璀璨晶明

由于湖中积聚了大量盐类物质，在冬季湖水会析出一种叫硫酸钠的化学物质，也称为"芒硝"，俗称"盐花"。盐花丛生，洁白如雪，形成"千古中条一池雪"的奇观。

　　令人惊奇的是，盐湖里的水在一年四季不断变幻着色彩。有时，盐湖里大量生长出一种肉眼不易观察到的藻类植物，在阳光映照下使湖水泛红。

　　在盐池特有的暗红色水面上漂浮的"硝凇"，如同天女散花，又似天上琼楼玉宇，远眺白茫茫一片。

　　环绕盐湖的有数十平方千米一片湿地，水草丰美，芦苇

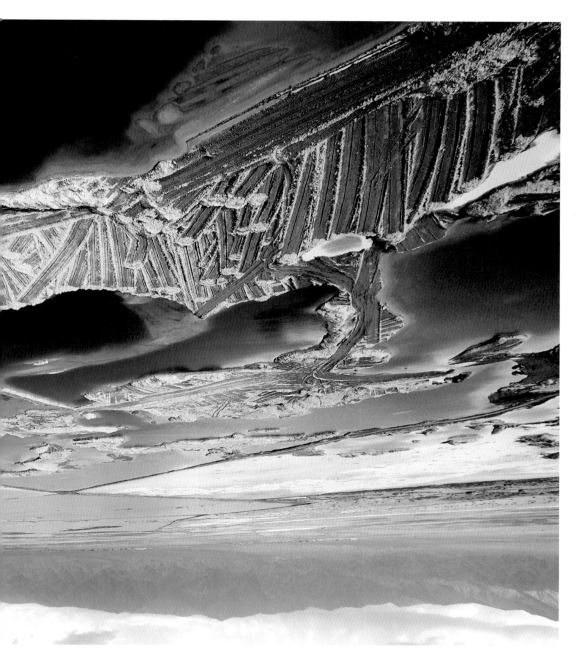

茂密，常年栖息着数十种候鸟。湖中阡陌纵横、碧波浩渺、生机盎然。长年不断的硝堆，远看如座座银山，近看似扇扇玉屏，形成了一片银色的世界，引得无数游人前来观赏。冰封时节，草木凋零，万物失去生机，然而每当硝凇景观出现，整座盐湖琼枝玉叶、银菊怒放，让人目不暇接，流连忘返。

这是北方冬季特有的风韵与娇媚、冷艳和壮美。这是一个盛大恢弘的银色世界，盐湖里的那一抹浅浅的红色，多么像红尘世界，在红尘世界里，仍然有玉洁冰清和晶莹妩媚醉倒路人。

硝板上晒盐。垦畦浇晒须有畦地。运城盐池晒盐的畦地——结晶畦，是建造在硝板之上的，这是运城盐池生产的特点之一。它不仅是结晶畦的构筑问题，而且具有深刻的科学技术内涵。运城盐池在晒制盐过程中，须给晒盐的卤水中搭配淡水，这在天日晒盐中也是非常独特的现象，是其他天日晒盐区中所没有的。

6. 盐花遍地
——茶卡盐湖

茶卡盐湖，位于柴达木盆地东部的乌兰县茶卡镇。

茶卡盐湖也叫"茶卡"，或叫"达布逊淖尔"，"茶卡"是藏语，"达布逊淖尔"是蒙古语，都是盐湖之意。此地位于 109、315 国道交汇处，被誉为柴达木的东大门，是古丝绸之路的重要站点。

茶卡盐湖海拔 3100 米，东西长 15.8 千米，南北宽 9.2 千米，呈椭圆形，面积相当于 10 个杭州西湖。

自古以来，当地的蒙古族牧民称之为"海"，并且有一个流传甚广的民间故事。

很久以前，茶卡一带，遍地金银珠宝，远近的山神魔怪为获此珍宝，你争我抢，整个茶卡地区，飞沙走石，暗无天日。当时百姓苦不堪言，他们过着饥寒交迫的生活。一日，王母娘娘路过此地，见鬼怪横行，山魔作恶，不由大怒，决定制止战争，救百姓于水火之中。

茶卡盐湖，位于青海省海西蒙古族藏族自治州大柴旦镇境内，盐湖总面积为 240 平方千米，但湖表卤水面积只有 36 平方千米，丰水期最多可达 90 平方千米。是我国著名的硼酸盐盐湖。

[卷二] 湖盐：皑皑漫漫，璀璨晶明

王母娘娘命天兵天将驱赶妖魔，把金银珠宝分散给当地的穷苦百姓。可是，当地百姓拒绝了这些珍宝。当地的头领对王母娘娘说："一切灾祸，皆因财宝。一时赶跑了恶魔，它们有朝一日，还会回来，到那时，扫荡全村，那就是灭族之灾啊。"

王母听了之后，觉得有理，就命众神将所有的珍宝投入茶卡的湖中。说也奇怪，那些珍奇异宝到了湖水里，全部溶化了。那些妖魔鬼怪见状，彻底失望了，就远走他乡，再也没有回来，而茶卡当地的百姓，从此就一直过着平静的生活。

但是后来，茶卡百姓开始明白，原来这一切，都是王母娘娘的苦心安排。那一湖盐水，就是一湖宝贝啊，取之不尽，用之不竭，白花花的盐，就是白花花的银子啊。

富裕起来的茶卡牧民为了感激王母娘娘，在每年的农历五月十五日，举行盛大的祭海仪式。这是一个吉祥的日子，方圆二百里的蒙古牧民带着松柏、酥油、哈达、青稞、白酒，在这里举行祭海盛会。

祭祀时，先在湖边插上树枝，树枝上挂五颜六色的写满经文的风旗，然后点燃桑烟，煨上柏香青稞等。祭祀活动开始后，先请喇嘛烧香点火、诵经说文，大家叩拜。礼仪结束后，举行欢宴。

传统的祭祀仪式之后，还会进行赛马、射箭、摔跤、唱歌等富有民族特色的娱乐比赛，并开怀畅饮，尽情狂欢。每年的祭湖日是茶卡盐湖最热闹的时间，成千上万的蒙古族牧民拥到湖边，到处都是帐篷，一望无际，就像一朵朵雪莲花在湖边绽放。

茶卡盐湖是柴达木盆地四大盐湖中最小的一个，也是开发最早的一个。据《西宁府新志》记载："在县治西，五百余里，青海西南……周围有二百数十里，盐系天成，取之无尽。蒙古用铁勺捞取，贩玉市口贸易，郡民赖之。"

这里不光是盐品的质量好，更令人迷醉的是这里的湖光山色，旖旎风光。湖面上时而碧波荡漾，时而莽莽苍苍、一片洁白。

在青海大大小小100多个盐湖中，茶卡盐湖气象万千，独具特色。盐湖水域宽广，银波粼粼。天空白云悠悠，远处苍山静默，蓝天、白云、雪山映入湖中，如诗如画。

这里是盐的王国。现代化大型采盐船正在采盐，喷水吐珠。更有盐湖日出、晚霞暮归等绚丽画卷，如梦如幻。

透过清莹的湖水，可以看到形状各异，正在生长的栩栩如生的朵朵盐花。远处，盐坨似雪山般矗立。茶卡盐湖很低调，很安静，甚至很多人都没有听说过。这里的风景不加修饰，是原生态的。空气纯净，天很蓝，大片云朵就在头上飘，仿佛触手可及。

茶卡盐湖地处青海柴达木盆地东部的乌兰县茶卡镇，是古丝绸之路的重要站点，被誉为柴达木东大门，历史上是商贾、游客进疆入藏的必经之地。湖光山色风光旖旎，景色优美。湖面上，时而碧波荡漾，时而有莽莽苍苍、一片洁白，容秀丽、壮美于一体，在青藏高原众多的盐湖家族中，气象万千，独具特色。

［卷二］湖盐：皑皑漫漫，璀璨晶明

7. 盐丘，干涸后的盐湖河床

　　我国幅员辽阔，各类盐湖因区域自然地理环境差异，显示出多种多样的类型。既有世界上海拔最高的湖泊，也有位于海平面以下的湖泊。我国地貌以山地和高原为主体，形成巨大的地形阶梯。分布在青藏高原和蒙新高原地区的湖泊，以闭流咸水湖和盐湖为主，表现出大陆腹地非季风气候区的环境特点。

　　据调查，我国咸水湖或盐湖，均由淡水湖长期演变而成，让很多人意外的是，目前，尚未发现这些盐湖与海洋之间，有

着直接的成因联系。

　　这些盐湖，在干旱气候条件下，因湖水蒸发量大于补给量，随着入湖盐分在湖盆中不断积聚、湖水不断蒸发浓缩，年长日久，致使湖水中的盐分浓度逐步增高，由淡水湖演变成咸水湖，最终演变为盐湖。

　　西部盆地中心的湖泊，常是盆地水系的尾闾。湖泊补给形式以雨水和冰雪融水为主，水情丰、枯季节变化明显，水位年际变幅大。一些地处沙漠区的湖泊，依赖地下水和稀少的降水补给，多以时令湖的形式出现。

　　地处内陆，气候干旱，降水稀少，地表径流补给不丰，

新疆阿克苏市温宿县东北部山区有多座盐山，起伏绵延30多千米，盐层厚度达百米以上，盐储量超过数百亿吨。盐山中氯化钠含量较高，最高达95%，为罕见的大型盐矿。

蒸发强度较大，超过湖水的补给量，湖水因不断被浓缩而发育成闭流类的咸水湖或盐湖。其中，鄂尔多斯高原、准噶尔盆地和塔里木盆地，咸水湖和盐湖分布相对集中。

沙漠广袤，在沙漠区边缘地带多有风成湖分布，这是西部盐湖的显著特色。这些湖泊，面积小，湖水浅，湖水补给以地下潜水形式为主，一遇沙暴侵袭，湖泊即可迅速被流沙所掩埋。

那些蒸发之后的盐湖，石盐、碱、芒硝、石膏等矿物渐渐裸露。久而久之，形成盐丘。

干涸的盐湖，渐渐把它身体裸露出来，我们看到曾经波光粼粼的碧水之下，那些盐湖的肌体显露出来，并开始接受风沙与烈日的洗礼。它们在漫长的时间里为风沙所覆，埋身地下。

但是，整个地下世界也不太平。那些地层不断上升，

隆起，不断挤压、抬升，盐层不断被挤压向上，形成一道道山梁，一座座山丘。这就是盐丘。

在传统文学作品里，"丘"多数是指一个荒凉无人的所在，正因为如此，"丘"在审美意义上具有了悲情冷漠之美。而这样的自然之美，却是一般人无法见识的，比如盐丘。中国盐丘，多分布在西部的戈壁与沙漠地带。这里降水稀少，多数盐湖干涸。

新疆温宿地区的奥奇克葫芦状盐丘，有着独特的盐丘底劈构造，也是我国最大的盐丘构造，具有非常好的典型性和完整性。奥奇克盐丘是我国保存完好而又稀少的盐丘构造，具有重要的观赏性和极大的科学研究价值，是进行地质研究的天然博物馆。

干涸的盐床上，隆起了一垒垒盐丘。盐湖之美，完成了化蝶成蛹的美学传奇。

温宿盐山，盐山上常可见到大块的白色盐晶体，在山腰形成了一个个高大的盐晶体峭壁。盐山外表给人一种土山的印象，是由于雨水溶解了山体表面的盐分，盐顺着水渗入山体，或直接流向了山下的盐池，而土石与未溶解的盐形成的混合物则留在了表面上。

盐的景观（中国篇）

8. 吉兰泰盐湖，
蒙古草原上的蓝琥珀

　　吉兰泰盐湖，是我国大型内陆盐湖之一，又名唐温池、达布苏、陶力诺尔等。清乾隆四十八年（1783年），就使用吉蓝泰淖尔的名称至今。

　　吉兰泰盐湖面积120平方千米，湖盆东部和西部地势偏高，分别是贺兰山和巴音乌拉山的低山丘陵地带，周边被乌兰布和沙漠与腾格里沙漠环绕。盆地长200千米，宽30~40千米，面积2000平方千米。吉兰泰盐湖位于盆地的东北低洼处，由于盐分不断沉淀聚集，形成了层叠的盐坝。

　　目前，大部分湖面已被流沙覆盖，而卤水湖已移至湖的东北部，呈椭圆形。无常年性地表河流入湖，但时令河流较发育，除降水补给外，常年性补给水源主要由山前冲积平原和冲积扇前缘的地下水，埋深一米五以下。此外，区内地下承压水丰富，多以上升泉形式补给湖泊，

吉兰泰盐湖位于阿拉善左旗吉兰泰镇境内。"吉兰泰"系蒙古语，意为六十。周边被乌兰布和沙漠与腾格里沙漠环绕。吉兰泰盐湖由于盐分不断沉淀聚集，形成了美丽的层叠盐坝。

属硫酸镁亚型盐湖。

自湖岸至湖心，盐类化学沉积界限清晰，依次为石膏，芒硝，石盐沉积序列。揭开湖面数厘米至十几厘米的一层盐盖，即是 5~6 米厚的盐层。

吉兰泰盐场所产之盐质纯味佳，因表层混有淡水红色尘砂，俗称"红盐"，又名"吉盐""大青盐"，湖盐以其颗粒大、味道浓、晶莹透明、杂质少而闻名全国。每年出产优质湖盐 60 多万吨。

据史载，先秦时期就已生产食盐，距今已有 2000 年的开采历史。清代以前，除供当地需要外，尚畅销陕、甘、晋；乾隆初年，开始运销内地。因销路广开，陆运供不应求，

盐湖边的晒盐池里，犹如调色盘，深浅不一。为什么会有这样特殊而丰富的色彩呢？科学家的解释是，呈现出红色和卤水中的盐类、卤水的深度还有卤水中的微生物等因素有关，而日晒时间不同，这些因素都会发生改变，所以晒盐池中就会出现颜色深浅不一的现象。

复从黄河水运，以旧磴口为发运地，并设盐吏专管。运盐船只络绎不绝，最盛时多达 500 余只。

在阿拉善左旗的北部，从乌素图镇到吉兰泰，大概需要行驶 130 千米左右。公路沿途都是沙漠戈壁，行车路上满眼荒凉，偶尔会看到几个骆驼漫步沙滩。道路两旁，偶尔会出现一些小绿洲和几棵沙枣树。一条宽畅平坦的柏油路在沙海中穿行，绵延无际的黄沙与戈壁，在一片沙漠中，出现了片片白光。到了吉兰泰，一大片盐湖展现在眼前，戈壁中的一汪湖水，清亮明澈。

盐湖的堤岸边，生长着一层形状各异"盐花"，像花草，像动物，像建筑，洁白晶莹，如寒冬里的冰花雪凇，令人惊叹。

"中国死海"位于四川省大英县，这里拥有神奇的地下天然盐卤水资源。盐卤水中富含 40 多种对人体有益的矿物质和微量元素。死海漂浮及利用死海矿物盐进行的理疗被世界公认为是一种健康有效的自然疗法。图为近万名中外游客在遂宁市大英县中国死海度假区尽情玩水。

9. 大英死海

若问全国最咸的湖在哪儿？一时会难倒众生。

中国最咸的湖在四川省遂宁市大英县。大英县地下古盐湖（中国死海）是全国最咸的湖。

四川遂宁市的大英县，有一个小镇，叫蓬莱镇。这名字来得古怪，周边无海，哪来蓬莱？其实，海是有的，只是它是一个死海。死海名字虽然难听，却是个神奇所在。1.5亿年前，大英县这个地方，正是大海澎湃、潮起潮落的汪

洋世界。海水长期涨落，沉积了大量的蒸发盐卤水，水体浓度较高，成为台地盐区。

中生代的侏罗系和白垩系时期（约1.5亿年至8000万年前），经过两次造山运动，这片盐区埋入地下，形成了令人叹为观止的地下古盐湖奇观。

至北宋年间，大英人发明了"卓筒井"钻井技术，成功钻入地下3000米深处，汲取到埋藏了上亿年的盐卤海水，从此"中国死海"得以重见天日。

所谓死海，是湖中及湖岸均富含盐分，在这样的水中，鱼儿和其他水生物都难以生存，水中只有细菌和藻类，没有

大英盐疗护理中心。这里有真正的死海矿物泥及中国死海矿物盐的专业护理。

其他生物；岸边及周围地区也没有花草生长，故称之为死海。

　　大英死海，是 20 世纪末地质专家在此考察时发现的。大英死海是一个古盐湖，盐卤资源储量十分丰富。其天然海水（盐卤水）储量高达 42 亿吨，含盐量超过 22%，和世界著名的旅游胜地"中东死海"同样位于神秘的北纬 30 度，其浓度相同、矿物质元素接近，人在水中可以轻松漂浮不沉。

　　大英死海中，含有抗皮肤过敏、提神、保湿的镁盐，杀菌的碳酸盐，促进新陈代谢的钠盐，保持身体盐分的硫

酸盐。

　　据四川省冶金地质勘查局成都岩土水质检测中心检测，死海盐卤水中富含钠、钾、钙、溴、碘等40多种矿物质和微量元素，对高血压、风湿关节炎、皮肤病、肥胖症、心脑血管疾病、呼吸道疾病等具有显著的理疗作用。

　　这是一个令人放松的地方。躺在死海的水面上，身体不会沉下去。你甚至可以一边看书、聊天，一边欣赏蔚蓝的天空，呼吸山野的清新的空气。

　　置身死海，身似浮萍，心如清泉。

大英死海中的海水，富含钠、钾、钙、溴、碘等40多种矿物质和微量元素，经国家有关权威机构验证，对风湿关节炎、皮肤病、肥胖症、心脑血管疾病、呼吸道疾病等具有显著地理疗作用，并且可以充分地舒缓疲劳、缓解精神压力。图为大英死海泥疗。

10. 扎布耶盐湖

  扎布耶盐湖，又名查木错、扎布耶查卡、扎布查喀错。其位于西藏日喀则地区、仲巴县北部帕强乡与阿里措勤县接壤处。"错"在藏语里是"湖"，"茶卡"正是"盐湖"。

  湖中有锂矿，湖畔有半岛被称为"石林"，是湖中碳酸钙结晶形成的自然奇观，岛中有泉水，属于淡水。盐湖属咸水。湖盆主要呈狭腰葫芦状，由古钙华湖心岛、查布野岛及砂砾堤分隔成南、北两湖，中间有一狭长水道连通，湖区属羌塘高寒草原半干旱气候。湖水主要依赖地表径流和冰雪融水径流补给。主要河流为东部的脚布曲，桑目旧曲，西部的浪门嘎曲。

  进入扎布耶茶卡，一切如此神秘，远远望去，闪烁的盐，如雪如纱，

  扎布耶茶卡，很久以前就有藏民开发。雪白的盐巴，由藏族人用牦牛驮运到拉萨和尼泊尔贩卖。

  盐湖位于冈底斯、喜马拉雅褶皱带，形成南北向延伸的断陷湖盆。在

扎布耶盐湖位于西藏日喀则地区，属世界独一无二的天然产碳酸锂的盐湖，卤水中碳酸锂含量高，镁锂比极低，盐湖资源秉赋优异。

湖泊中部，有隐伏断裂通过，造成高达20多米的古钙华湖心岛——查布野岛，以及断裂隆起部位堆积形成的砂砾堤，把该湖分隔成南北两湖，中间靠东部边缘，有一条狭长水道连通，北湖为卤水湖，水深几厘米至几米，南湖为干盐滩和卤水并存的盐湖，水深约2米。

扎布耶茶卡四周为山地环抱。湖区处于高原亚寒带半干旱气候区，山区的降水和冰雪融水通过河流或地下径流汇入湖中。

盐湖主要有两条河流：浪门嘎曲和脚布曲。西部的浪门嘎曲河水量少，东部的脚布曲水量稍大，有的地段全部渗入地下，所以汇入湖中的总水量小于湖面蒸发量，湖泊盐分浓度不断增加，甚至向干盐湖方向发展。

但是在湖的萎缩过程中，由于碳酸盐泉和潜水的广泛出露，在北湖周围形成大片盐沼，在冻土作用下，发育成草沼地。

南湖在基岩与盐坪交界处，沿断层有地下水溢出，因含盐量高，地表不易冻结。

扎布耶茶卡东面沼泽区，有一些植被，其植物群落组成，主要有藏蒿草、青藏苔草、扁穗穗草等，沼泽动物主要为鸟类，有各种野鸭、雁类、黑颈鹤等。

扎布耶茶卡矿藏资源丰富，目前已发现各种盐类矿物230种，在盐类矿物中以石盐、芒硝、硼酸和水菱镁矿为主，其中石盐蕴藏最为丰富，储量达4000多万吨，是该湖的主要开采对象，主要出口尼泊尔等国家。

扎布耶茶卡除了丰富的石盐，还有穿行于旷野的盐道，以及盐岸如雪堆砌的各色盐山。湖面向远处延伸直至天际，形成铺天盖地炫目的蓝。有时你会看到，在无垠阳光下，雪白与金黄色交相辉映。西部大地有时美得令人心醉。

11. 东、西台吉乃尔盐湖

　　东台吉乃尔湖，位于青海省海西蒙古族藏族自治州格尔木市境内。这里地处柴达木盆地，盐碱地广布。东部为沙质干盐滩，湖底沉积盐厚2米。湖区属柴达木荒漠干旱、极干旱气候。湖水主要依赖东台吉乃尔河补给，东台吉乃尔河上源为那棱格勒河和洪水河，源于昆仑山鹤托坂日雪山和布喀达坂雪山。固体盐类矿床以石盐为丰，储量巨大；上层为湖底新盐层，下层为含泥砂质石盐。

　　盐湖呈北西—南东向分布，长22千米，宽5千米，水深在1米以下。

在东、西台吉乃尔湖的卤水中，除含有大量的镁、钾、硼等元素外，还含有丰富的锂元素。

盐的景观（中国篇）

东台吉乃尔湖与西台吉乃尔湖处于同一盐滩，接受源自昆仑山北坡的那棱格勒河下游之一的东台吉乃尔河的常年补给。

东台吉乃尔湖区，深居柴达木盆地的腹地，最高气温33.8℃，10月下旬结冰，翌年3月开始解冻，经常刮西北风。

东台吉乃尔盐湖矿物资源包括卤水资源和固体盐类资源。东台吉乃尔盐湖固体盐类矿物有石盐、水石盐、芒硝、无水芒硝和白钠镁矾等，主要是石盐资源。

西台吉乃尔湖，位于青海省海西蒙古族藏族自治州大柴旦镇境内，盐湖湖盆略呈三角形，为封闭的内流盆地，接受来自昆仑山北坡的那棱格勒河下游支流之一的西台吉乃尔河的补给。盐湖湖长11千米，面积82平方千米，水深不足0.5米，从西台吉乃尔湖向东60千米，可到东台吉乃尔湖。

西台吉乃尔湖是固液相并存的盐湖。固体盐类矿物由石盐、芒硝、石膏、白钠镁矾等组成，以石盐为主。

东、西吉乃尔湖原本是一个整体的大盐湖，后因湖泊退缩而分离成独立湖泊。位于青海省海西蒙古族藏族自治州大柴旦行政委员会境内，西台吉乃尔湖，为封闭的内流盆地，接受来自昆仑山北坡的那仁郭勒河支流西台吉乃尔河的补给。从西台吉乃尔湖往东35千米就是东台吉乃尔湖。

12. 玛纳斯盐湖

　　玛纳斯盐湖，又名阿兰诺尔、阿雅尔诺尔、伊赫哈克明湖，在准噶尔盆地内。位于和布克赛尔蒙古自治县，隶属新疆维吾尔自治区塔城地区，是新疆唯一的蒙古族自治县。

　　二十一世纪初，这是一片大湖泊，接受纳木河、尾木柏政河、布克河和玛纳斯河等河流补给，水量较丰，彼时湖泊范围较广，包括芨平克湖、达巴松诺尔、爱兰诺尔、小盐池和玛纳斯湖，属旧水湖阶段。

　　后来，因持续干旱，入湖水量明显减少，湖面下降，湖水逐渐咸化，并被盆地局部隆起分割成数个小湖体。

　　近年来人类不断截流引水灌溉，过去入湖的河流下游已基本断流，湖已干涸。

　　目前，和布克赛尔县盐储量在18.4亿吨以上，是新疆维吾尔自治区三大盐田之一。

　　县内有两大盐湖：达巴松诺尔和玛

新疆维吾尔自治区塔城地区玛纳斯盐湖。为了开采盐湖资源，人们对盐湖进行了一些人工改造和建设，在玛纳斯盐湖上挖掘了一条条间隔相等的笔直水道。从高空俯瞰白色的盐堆堆积如山，沟渠引来的盐湖水碧绿清澈，宛如绿色的绒毯上编织着一条条纯白的花边。

纳斯盐湖，已探明石盐储量 1.5 亿吨。

地处准噶尔盆地腹地的玛纳斯盐湖，面积超过 600 平方千米，蓝天、白云、盐滩，构成了奇美的盐湖风光。置身于此，如同进入了一个童话般的晶莹世界。

玛纳斯盐湖，习惯上指玛纳斯、艾兰、艾里克等湖群，过去曾为盐湖，现多数干涸。

清乾隆四十七年（1782 年）出版的《西域图志》，称玛纳斯盐湖为"额彬格逊淖尔"；清嘉庆年间出版的《西域水道记》，称此为"阿雅尔淖尔"。一直到 1962 年，才改称玛纳斯湖。

玛纳斯湖为湖群中最大者，形似鞋底，呈东北西南走向，长 50 千米，宽 10~15 千米，面积约 550 平方千米。

湖水补给原有玛纳斯、金沟、宁家等河，更早还有呼图壁河，有时还接纳准噶尔西部的山地南部河流的洪水。

一望无际的盐湖，在阳光下发出璀璨的光芒。盐粒晶莹剔透，如同铂金。整个盐湖就像鱼鳞铺地，一层一层、一浪一浪地向远方延伸。

在太阳强烈的光照下，浩瀚的盐湖如同一个巨大的宝镜，放射出银色的光芒，如同万顷碧波。湖边了无草木，空旷的盐湖显得一片寂静。

在特定季节，盐湖上还会出现变幻莫测的海市蜃楼奇观。从远处可以看到湖面上不断闪现的座座山峰，片片林海，或幢幢高楼。

玛纳斯盐湖中，还有色彩斑斓的结晶盐，似珊瑚、驿亭、宝塔、花朵、象牙、宝石等种种奇美的盐花，美得让人炫目，弥补了寸草不生的遗憾。

艾兰湖位于玛纳斯湖西南，早已干涸，地表有盐结晶。

据 19 世纪末外国考察者记载，当时艾兰湖有水，湖东岸曾有长约 70 千米的霍尔河（蒙古语意为咽喉河），

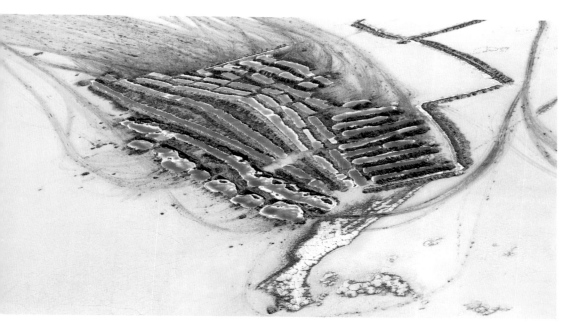

1940 年已干涸。

　　艾里克湖在玛纳斯湖西北 10 千米，补给来自白杨河，由乌尔禾盆地穿过峡口而入。湖盆三面环山，西南开敞，东面受单面山阻隔，从地形与构造看，与玛纳斯湖似无联系。

　　"乌尔禾"是蒙古语"套子"之意。从前，这里草木丛生，有许多野生动物，当地蒙古族牧民用下套子办法，获取猎物，所以把这一带叫做"乌尔禾"。1958 年前属和布克赛尔蒙古族自治县的一个乡，1958 年划归克拉玛依市，设有乌尔禾办事处。1982 年 2 月设立乌尔禾区。

　　一座座盐山连绵不绝，清澈的盐湖水宛如明镜一般倒映出盐山的影像，与天空中的蓝天白云遥相呼应，显得分外宁静安详。这是在乌尔禾盐湖看到的景象。

　　玛纳斯湖之东，还有达巴松淖尔，为早已干涸之盐湖，已作盐场利用。

玛纳斯盐湖，地处准噶尔盆地腹地，面积为 650 平方千米，已探明石盐储量 4883.5 万吨，共生镁盐矿储量为 186.84 万吨，无水芒硝储量为 170.14 万吨，液相石盐 521.51 万吨。

新疆塔克拉玛干大沙漠东部的罗布泊盐湖。

13. 罗布泊盐湖

　　罗布泊一直充满神秘。如今是一片荒漠，却有无数解不开的谜团，一直是探险者向往的地方。

　　罗布泊位于新疆塔克拉玛干大沙漠东部，是中国第二大盐湖，又名罗布淖尔，古称黝泽、盐泽、蒲昌海、牢兰海等。历代古籍皆有记载。

　　罗布淖尔，系蒙古语，意为多水汇集之湖。地理位置在巴音郭楞蒙古族自治州若羌县东北部，塔里木地块东部。长轴呈东西方向延伸，长300千米，宽125千米。

　　《山海经》记载："不周之山，东望黝泽，河水所潜也。"

　　《史记·大宛列传》记载："于田之西，则水皆西流注西海。其东，水东流注盐泽。"

　　《汉书》描述它"广袤三百里，其水亭居，冬夏不增减。"

　　清代著作《河源纪略》卷九中载："罗布淖尔为西域巨泽，在西域近东偏北，合受偏西众山水，共六七支，绵地五千，经流四千五百里，其余沙

啧限隔，潜伏不见者不算。以山势撰之，回环纡折无不趋归淖尔，淖尔东西二面百余里，南北百余里，冬夏不盈不缩……"

这里，曾经是一个人口众多、颇具规模的古代楼兰王国。公元前126年，张骞出使西域归来，向汉武帝上书："楼兰，师邑有城郭，临盐泽。"它成为闻名中外的丝绸之路南支的咽喉门户。

1980年的5~7月，中国科学院组织科学家对罗布泊进行考察，科学家彭加木为寻找水源，在库木库都克地区遇难。

曾几何时，繁华兴盛的楼兰古国，悄无声息地退出了历史舞台；盛极一时的丝路南道，黄沙满途，行旅裹足；烟波浩渺的罗布泊，也变成了一片干涸的盐泽。

如今，从卫星图片上来看，罗布泊是一圈一圈的盐壳组成的荒漠。

古罗布泊距今已有200万年，面积在2万平方千米以上，在地质运动影响下，湖盆地自南向北倾斜抬升，分割成几块洼地，成为盐湖环境。现在罗布泊是位于北面最低、最大的一个洼地，曾经是塔里木盆地的积水中心，古代发源于天山、昆仑山和阿尔金山流域的河水，源源注入罗布洼地形成湖泊。

1921年，塔里木河改道东流，经注罗布泊，至20世纪50年代，湖的面积又达2000多平方千米。60年代，因塔里木河下游断流，使罗布泊渐渐干涸，1972年年底，彻底干涸。

经过长期的沉积，罗布泊盆地聚集了50多亿吨的石盐资源。

罗布泊镇行政区域位于若羌县东北部的罗布泊深处的

罗中区。很多人预言，这个镇将是一个"楼兰新城"。

在罗布泊镇，最吸引人眼球的莫过于镶嵌在荒原中如同宝石似的盐湖。放眼望去，这些盐湖的湖面，"漂浮"着大小不一、或圆或方的盐块，一望无际，如同大海冰山。每一处盐湖的堤岸边都有形态逼真、造型各异的美丽盐花，竞相绽放。

碧水连天绿波荡漾，幢幢厂房高耸林立。这里开发的钾盐卤水，如今汇积成一片大大小小总面积达1万平方千米的盐水湖，使得人迹罕至的罗布泊，重现美丽盐湖。湖边钾盐堆叠如山，高在30米以上。

盐湖很大，很漂亮，成为罗布泊的一个新的景观。人可以在湖里游泳，就浮在水面上，不会沉下去，非常安全。

罗布泊盐湖的盐花，异常精美，如玉树琼枝。这种盐花，当地人称其为"盐牙"。

盐壳由于降水的溶解和风沙磨蚀，就会在凸起部分形成尖峭嶙峋盐牙，又因其状若珊瑚，也有人称之为盐珊瑚。

目前，新疆哈密至罗布泊铁路已全线贯通，起点为哈密火车南站，伴行哈密至罗布泊公路东侧，线路终点至若羌县罗布泊镇罗中区，途经花园乡、南湖、沙哈、罗中等9个车站，全长约368千米。

在"死亡之海"罗布泊的茫茫腹地，静卧着一片由十数个"湖泊"围聚成的盐湖。这片绵延数十平方千米的水面并非天然，而是设立于此的国投新疆罗布泊钾盐有限责任公司用于生产的矿业设施。来自地下的含盐卤水在人工划分的注地里部分蒸发，化为生产钾肥的宝贵原料。由于富含矿物，一日间，湖面在不同的天光下显现出五彩颜色，形成了鲜有的盐湖景观。

[卷二] 湖盐·皑皑漫漫，璀璨晶明

14. 艾丁盐湖

　　艾丁盐湖，位于新疆维吾尔自治区吐鲁番市南50千米，在恰特喀勒乡境内。这是我国最低的地方，低于海平面，所以，艾丁湖的海拔高度是负数，国家公布新的高程为 -154.31米。仅次于约旦死海，为世界第二洼地。

　　艾丁湖的海拔高度，说法众多。据科学普及出版社1982年出版的《中国地理之最》中"艾丁湖湖面海拔为负154米，最低处的钟哈萨低地（在艾丁湖以东25.6千米）地势更低，海拔为 -293米，为全国陆地的最低点"。

　　艾丁湖在维吾尔语中叫"觉洛院"，意思是"月光湖"，这是一个很美妙的名字，让很多人联想到湖光映月的绝色景致。

　　艾丁湖系内陆盐湖，湖水主要来自西部和北部山脉的冰川融水汇成的河流，盆地北缘，有天山雪水。由于蒸发量大，湖水得不到补给，艾丁湖面积急剧缩小。

艾丁湖，位于新疆维吾尔自治区吐鲁番市南部，是我国大陆海拔最低的盐湖。

近几年，山洪暴发，夏季水量增多，艾丁湖有了充足的水源，水面又恢复了碧波荡漾、烟波浩渺的美丽画卷。

这是艾丁湖的特殊现象，一会儿死去，一会儿又复活。从20世纪的50年代到90年代的几十年间，干涸3次，复活3次。艾丁湖的死活，主要是由河流和地下水补给量多少决定的。

但是，湖水的增多，并未改变艾丁湖区极端干旱的气候。湖区景观依旧荒凉，四周戈壁茫茫，一望无际，寸草不生。地表盐壳发育独特，形成了西部特有的粗犷，奇形怪状，构成了一幅壮观的原始场景。一口口古老的坎儿井饱经沧桑，废弃在一旁。

艾丁湖处于吐鲁番盆地之中，是吐鲁番盆地最低洼的地区，也是地表水和地下水的汇集中心。艾丁湖的形状，仿佛是一个狭长的纺锤形。

艾丁湖的盐湖资源，包括卤水资源和固体盐类沉积资源，以固体盐类资源为主。卤水资源有湖表卤水、晶间卤水和淤泥卤水，以晶间卤水为主，湖表卤水次之，湖表卤水一般分布在湖区西部河口附近。

固体盐类沉积资源有石盐、芒硝和无水芒硝，以石盐为主。石盐分为表层盐和底层盐；表层盐是湖表水新结晶出来的新盐，在春夏多风季节，受强大的西北风影响，湖表卤水沿着平坦的湖滩由西向东蔓延，甚至造成部分地段晶间卤水水位上升到湖面，待风停水退，或者在冬季湖面上形成一层白色的石盐壳，从而成为艾丁湖年复一年的新生石盐薄层。

艾丁湖不同于其他湖泊的地方，是湖面上满目的盐壳。现在，它的外圈是湖积平原，地表是坚硬的盐地，中间一圈是盐沼泽，下面是淤泥，除了冬天，人很难走进去。湖

心全是晶莹洁白的晶盐。

　　铺满雪白石盐的艾丁湖底，你会情不自禁地赤脚奔跑，放开嗓门，大声呼唤。你的脚下，是无垠的盐碱地。你看见，沧海盐田，竟也如此令人唏嘘。

艾丁湖处于吐鲁番盆地之中，是吐鲁番盆地最低洼的地区，也是地表水和地下水的汇集中心。目前利用艾丁湖石盐、芒硝和无水芒硝资源，生产精制盐、工业用盐、粉精盐、加碘盐、原硝、元明粉、硫化碱等产品。

【卷三】 海盐：冰颜如玉

从海水中提取食盐，其法主要是一盐田法。

这是一种古老的、至今仍广泛使用的制盐方法。使用该法需要在气候温和，光照充足的地区，选择大片平坦的海边滩涂，构建盐田。

沧海盐田

盐田一般分成两部分：蒸发池和结晶池。先将海水引入蒸发池，经日晒蒸发水分，达到一定程度时，再转入结晶池，继续日晒，海水就会成为食盐的饱和溶液，再晒就会逐渐析出食盐。这时得到的晶体，就是我们常见的粗盐。

经过世代传承和发展，盐工不断地改进晒盐技艺，形成了蓄海水、溜盐田、茅草过滤、石槽晒、收盐等几道工序。制盐所需的盐田、石槽、晒盐泥地、盐泥池、盐卤水池、蓄海水池等设施至今仍在使用。如今，盐田村的部分人仍然依靠晒盐为生。

这种制盐法，目前海南的洋浦盐田仍然可以看到。这是中国海盐制作技术的活化石。

1. 百里银滩——复州湾盐场

　　复县海盐产地，位于辽宁省南部。明置复州卫，清改复州，民国二年(1913年)称复县。1985年撤销，改设瓦房店市。

　　明代开始产盐。据《东三省盐法新志》记载："明辽东盐场十有二，复州卫西有盐场……金城子村尚有旧城遗迹，其门额有盐场堡三字。"在明朝初期，复州湾地区，已出现海水煮盐作坊。

　　明、清争夺辽东，开始了数十年的战乱，造成生灵涂炭，

大连复州湾盐场于1850年建场，地处辽东半岛西南沿海，占地149.3平方千米，素有"百里银滩"之称。

上图（左、右）、下图：《天工开物》《图经本草》等古代著作中的制盐图。《天工开物》曾这样记载："凡煎卤未即凝结，将皂角捶碎，和粟米、糖二味，卤沸之际，投入其中搅和，盐即顷刻结成，盖皂角结盐，犹石膏之结豆腐也。"这可算是煎盐工艺中的一项有趣的发明。

人户逃亡，百业凋败，盐业也未能幸免。

清顺治十年（1653 年），朝廷鼓励百姓移民大连垦殖，并设立州、县进行治理。至康熙年间，复州盐业开始恢复。但传统的海水煮盐法，产量低，作坊式生产，很难形成规模。

康熙三十年（1691 年）后，全国开始推广"天日晒盐法"，使海盐生产法实现了革新，此法一直延续至今。

清末置复州场，民国初年改复县场。20 世纪 30 年代产地面积为42.88 平方千米，年产盐 17.9 万吨。新中国成立后盐业生产迅速发展，建成复州湾盐场。

据《复县志略》记载，清嘉庆十三年（1808 年），当地有个李君材，在营口经商，遇山东人姜某。姜某有制盐的好手艺，李君材就带姜某回到复县，选择在拉脖子（地点在原三分场）创筑盐田，戽水晒盐，卓有成效。白家口一带，亦多仿制，这是复州盐场初期的情形。

光绪三十三年（1907年），"奉天官盐总局"改称"东三省盐务总局"，由田庄台迁驻营口。无论在什么情况下，官府始终把盐业税收看成是财政收入的重要组成部分。复州盐业在东三省的盐行业中，占据着举足轻重的地位。据《东三省盐法新志》"运销篇"记载："奉天滨海地皆盐，吉、黑各城、蒙古、热河皆食奉盐。"而奉盐中又以复盐居多。宣统元年（1909年），吉林驻营口采运局，曾拟购买复州海盐1.2万吨，由海运至海参崴，以便销往宁古塔、哈尔滨和阿什河一带。

如今的复洲湾盐场，地处辽东半岛西南沿海，场区占地175平方千米，素有"百里银滩"之称。所依托的海区无工业污染，资源丰富，气候适宜，具有生产优质海盐的天然条件。海湾内，一望无际的盐池在夕阳映照下，呈现出蓝宝石似的晶莹光泽。行在辽阔而壮观的盐池大坝上，百里银滩尽收眼底。

上图、下图：据北宋学者苏颂所撰《图经本草》的记载，那时的海盐生产方法是淋沙制卤和煮卤成盐，分两步进行。但还没有出现晒盐，而且这种工艺一直延续到明代。

2. 莺歌海盐场

　　莺歌海盐场，位于乐东黎族自治
县西南部的海滨，是海南岛最大的海
盐场，在华南地区也首屈一指。面临
大海，背靠尖峰岭林区，有一片3000
多平方千米的滩涂地带。这里有美丽
的海湾，沙滩平缓绵延5000米，沙质
松软。新月形的海湾，水面如镜。北
边的岩礁、尖峰岭的连绵群山挡住了
来自北方的台风云雨，使这里长年烈
日当空，有充分的光热进行盐业生产。

　　根据《莺歌海盐场志》记载，此
前曾有过两次盐场开发计划。一次
是日本人，他们发现了莺歌海优良
的制盐条件，曾大规模勘探，并编
制盐场开发计划，要建"东亚第一
大盐场"，随着日本战败，这个计
划当然不可能实现。

　　国民党统治时期，也曾来此考察，
却得出无法开发的结果。他们的考察
报告说："此地尚在原始时代，为蛮
荒之区，边疆开发，倍极艰辛，且冒

海南乐东黎族自治县西南部的海滨莺歌盐场，
建于1958年，是海南岛最大的海盐场，位于乐
东县西南部的海滨。来到莺歌盐场，可以看到
一望无垠的银白色盐海，渠道纵横有序，盐田
银光闪闪，景象十分美丽。

［卷三］海盐・冰颜如玉

危险，治安动荡，无法开发。"这样，也就不了了之。

　　直到 1955 年，莺歌盐场才算真正进入了轰轰烈烈的勘探与建设时期。莺歌盐场的辉煌历史，从此开始。

　　当时，无论是从三亚还是从八所，到莺歌海都没有公路，只能从崖城花两天时间走过来。或者，从三亚坐渔船，第二天就到莺歌海了。当时的莺歌盐场开发由两广盐务局负责，

莺歌盐场的盐山。盐场每天下午开始收盐，先将铲起的盐花捣碎，再把盐粒堆成一座座小盐山。这些优质盐会通过场区十多股小火车源源运往各地。

并举行了誓师大会："我们要在这里建一个大盐城！"

　　几百人的勘探队伍，历经一年时间，完成了测定及试验任务。《莺歌海盐场志》记录了当时开垦荒滩的经过。

　　从1958年开始，莺歌盐场的正式施工。一个大型盐城的建设，从此拉开序幕。成千上万的建设者来到了这片海滩，这里面有民工，更多的是军人。当地的渔民们，哪里见过这么多人，更没见过如此沸腾的场面，纷纷沿路排着队送开水、食物，夹道欢迎。

由于这段时间，正值特殊时期，盐场的一些重型设备被外调，广大施工人员，用最原始的"人拉肩扛"的办法，继续盐场建设。没有挖土机，就用锄头挖，肩膀挑；没有辊压机，就用牛拉铁石捆压实；夜里没有电灯，就用汽灯、煤油灯、火把照明施工；扁担、簸箕一时供应不上，就上山砍竹、伐木自己造。

如今的莺歌盐场，已是中国著名的海盐生产基地，总面积将近38平方千米，最高年产盐30万吨。其主要产品有粗盐、日晒细盐、日晒优质盐、粉洗精盐等。

来到莺歌海盐场，首先映入眼帘的是一望无垠的盐海。渠道纵横井然有序，片片盐田银光闪闪，水泵房池星罗棋布。座座盐山，此起彼伏。

莺歌海滩，除盛产盐外，还是个休闲养生的好去处。随着盐业的迅速发展，各种盐浴养生也正在兴起。现在盐场也对外开放，越来越多的人对于我们熟悉而陌生的盐又有了新的了解。在盐场，可以参观富有情趣的制盐工序。

涨潮时，海水从纳潮口闸流入储水湖，通过扬水站，再流过初、中、高级蒸发池，海水浓度便逐级升高，成了人们平常讲的卤水。卤水进入结晶区，就在那里饱和结晶。每天下午，一辆辆收盐机忙着收盐，机后铲起一道道雪白的盐花，机前的旋转刀片，迅速地把盐切碎，盐粒通过自动传送带，输入机仓里，运到池畔，堆成一座座连绵不绝的小盐山。

这样的景色，让人叹为观止。温暖的阳光静静地照射到盐田间一座座银山上，那光线柔和温润。有诗赞曰："盐田万顷莺歌海，四季常春极乐园。驱遣阳光充炭火，烧干海水变银山。"

3. 芦台玉砂——长芦盐场

天津长芦盐场，素有"百里盐滩"之称。

天津市、河北省所产之盐，叫"长芦盐"，简称"芦盐"。芦盐以其历史悠久、晶莹洁白、味醇质好而蜚声中外。

长芦，原为古县名，始建于北周静帝大象二年，治所在今河北沧州市西。宋代熙宁四年撤销县治，"城关"改称"长芦镇"。明初迁沧州州治于长芦镇，后遂与沧州合二为一，成为沧州的一部分。如今，长芦地名早为人们遗忘，今多有

长芦盐场是我国海盐产量最大的盐场，位于渤海岸，产量占全国海盐总产量的四分之一。图为天津长芦盐场工人在盐田里工作。

盐的景观（中国篇）

知沧州而不知长芦者。

今天津、河北所产之盐，冠名芦盐，始于明初。

其中长芦汉沽盐场的前身是芦台场。据《长芦盐志》《宁河县志》史料记载，"芦台场"便是天津境内最早设置的盐场。

明代初年，这里已经形成了盐场20所，遍布渤海西岸。洪武元年（1368年），明政府于沧州长芦镇设"北平河间盐运司"，统一管理河北、天津地区盐业。第二年，改名为"河间长芦都转运盐使司"。永乐初年，将"河间"二字省去，改称"长芦都转运盐使司"。自此，河北、天津盐场，皆以"长芦"名之。

明清时代，长芦已发展为与淮盐、浙盐同为最重要的食盐产区，并且保持了相当高的质量，清人评定各地盐品，长芦之盐质量最好。清人汪砢玉在《古今鹾略》中记载各地食盐，以质量论："广不如浙，浙不如淮，淮不如长芦。"尤其是位于天津境内的丰财、芦台二盐

长芦盐场分布在天津市的渤海沿岸，全长370千米，年产海盐300多万吨。其中，年产盐119万吨的塘沽盐场规模最大。长芦盐场地处渤海湾西岸，地势平坦、海滩宽广，并且有雨季短、春季气温回升快、风多雨少、日照充足、蒸发旺盛等自然特点，最适宜晒盐。

场，所产海盐细、白、纯，晶莹如雪，品质纯正，有"芦台玉砂"之美誉，成为长芦海盐的代表。

"芦台玉砂"，是古代"宁河八景"之一。乾隆时期的《宁河县志》已载有"芦台玉砂"，并配图。

未曾见过盐场生产的人，一时间很难想象"芦台玉砂"的美妙诗意。那种雪白的晶体，又不是雪花那般轻盈，而"玉砂"二字，细细揣摩，却又显得十分妥帖，恰如其分地表现出海盐的玉润与质感。

玉砂之名，始于明代。据《宝坻县志》记载，明弘治十一年（1498 年）夏，庄铎任宝坻知县。庄知县是进士出身，善诗，过芦台，看见遍地雪白的盐，还有那些苦命的盐工，不由心生悲悯，记下了当时的所见所感："芦台极目际平沙，利博谁伶害亦赊。土面刮来淋玉液，鳌头沸尽结银花。十年预借偿逋负，尺地堪耕属势家。安得调羹知此味，免教流孽到天涯。"

长芦盐质量好，产量大，更重要的是，价格低，这对普通百姓来说，大受欢迎。但是，盐是特殊商品，由政府垄断控制。不能私自买卖，甚至，还不能到处流通。比如，芦盐，只能在北方地区销售，淮盐不得越界到北方销售。每个盐区都有固定的销售区域，界限分明，不可逾越，否则贩私盐论处。

但长芦盐物美价廉，有些人甚至铤而走险，越界贩盐。清代桐城派著名书画家姚元之，在其《竹叶亭杂记》中，记载过这样的事："河南项城食芦盐，上蔡食淮盐，上蔡与项城接壤。芦盐价半而色白，其盐真。淮盐价倍而色黑，其盐杂。上蔡之人即于项城买盐，是官盐也，然一入蔡境则为私贩。故项城盐每岁畅销，上蔡令每年处分。红胡等辈，俱以私贩而起。然必上蔡以南不准买芦盐，不但价贵民自不肯，且一年即有半年淡食，民亦不能。"

这对上蔡的百姓来说，是十分痛苦的事。两个县如左右邻居，项城人食便宜的、雪白的芦盐，上蔡人却只能食价贵、有杂质而且是发黑的淮盐。上蔡人又不敢去项城买盐，因为一出上蔡境，就是贩私盐，那可是大罪。就这样，项城的盐每年销售一空，而上蔡之盐，却每年都滞销。

因为长芦盐品质优良，路途又近，明清两代，长芦盐一直是贡盐。《古今蹉略》说，天下产盐之省有8个，只有长芦之盐一直是贡盐。

根据《长芦盐法志》记载，明清时期的长芦贡盐，品种很多，有青盐、白盐、盐砖、盐卤四种。青盐即颜色呈青色之盐，青盐一般不假煎煮，由日晒而成，品质较为粗糙。白盐则经过精细煎煮，肌理如玉，璨如雪霜，是当时的特供品，专供朝廷食用。早在明永乐年间，长芦盐场每年就向北京输送青、白盐67000余千克。

芦盐虽是特供品，"贡盐"实际并非无偿贡献，而是由专门人员按盐价购买。贡盐运到北京之前，先储存天津，这个贡盐仓库，叫"皇盐厂"。根据清乾隆年《天津县志》卷九记载："皇盐厂，在天津城北，为前明堆贮贡盐之地，有官厅数间。"因卸运不便，此地遂废，屋亦倾圮，逐渐沦落为一个荒野之村。

长芦盐场在明清两代不断裁并，至清末时余下8个，天津仅余丰财、芦台两场。但这两个盐场乃是长芦盐场中的精华，产量高，质量好。其海盐生产一直延续至今，成为现在的塘沽盐场与汉沽盐场。

如今的长芦盐场，南起黄骅，北到山海关南，包括塘沽、汉沽、大沽、南堡、大清河等盐田在内，全长370千米，共有盐田15万多公顷，年产海盐300多万吨，产量占全国海盐总产量的25%。广袤的盐田，连绵起伏的盐山，已成为长芦盐场最炫目的风景。

4. 海盐之饶——苏北盐场

江苏省地图的形状，有点像泊在海岸的船。有人把江苏分成苏南、苏中、苏北，这种分法太细，很多人搞不清苏中与苏北如何划分。但多数人把江苏以长江为界，分成苏南与苏北两大部分，既直观，又形象。

江苏东濒黄海，海可渔，滩可樵，富渔盐之利。沿海经济开发较早，为东南富庶之地。西汉以前，海盐生产即负盛名。《史记》记载："东楚有海盐之饶"，自黄帝时代"以海水煮乳为盐"始，海盐生产已有数千年历史。在苏北这片海滩上，盐场连片，亭灶棋布。这里是中国重要的海盐生产基地。

有趣的是，由于气候原因以及江淮入口泥沙不断堆积，江苏沿海的海岸线也在不断变化。由于气候转暖海面上升，苏北里下河地区全部沦为沧海。后来泥沙淤积，沧海桑田，海边的盐场也随海岸线的变化而变化。例如，熟悉如皋的人，一提到县东十里，

苏北盐场。中国著名盐场之一，苏北盐场又称两淮盐场。它主要分布在江苏长江以北的黄海沿岸。由于地处淮河故道入海口的南北，故名两淮盐场。

自然会想到十里铺，这里在汉代，称为"邗沟铺""蟠溪"。在历史上，蟠溪是个很有名的地方，因为在汉代，如皋就是一座滨海城市，地理位置优越，是煮盐的好地方。蟠溪盐一直被称为"雪花盐"，名气很大。

当时，刘邦的侄子刘濞，分封吴王，驻江都（今扬州）。那吴王剽悍勇猛，且有野心，为武装自己，即山铸钱，煮海为盐。

蟠溪是个优良的盐场，白花花的海盐堆积如山。在吴王眼里，那就是一堆堆白花花的银子啊！一声令下，开条河，用船把那些银子运回江都。这条河，就叫"运盐河"，从蟠溪，经海陵仓（在泰州），到茱萸湾。从此，蟠溪便成了吴王刘濞的摇钱树。

江苏沿海中部的盐城，汉元狩四年置县，名盐渎县。盐渎，盐河之意。《元和郡县志》记载："盐城，本汉盐渎县，州长百六十里。因淮南一带，西汉时盐业兴旺，故开凿河道以便盐运。"据地方志记载，西汉盐渎县人口已达5000户，3万口，县民多以煮盐为业。

南北朝时，盐业已相当发达，《南兖州记》书曰："南兖城地有盐亭一百二十三所。"

唐宋时期，江苏沿海盐业生产，在全国具有重要地位，《新唐书食货志》记载："吴越扬楚盐廪至数千，积盐二万余石……岁得钱百余万，以当百余州之赋。"

宋淳化四年，六路转运盐到京师达620多万担。其中，江苏通、泰、楚、海四州的海盐，几乎占一半，达320余万担，故有"东南盐利，视天下为最厚"之说。

唐宋时期，盐场的设置有：监、场、灶（亭）等，监下辖场，场下设灶。"煮盐之地曰亭，场民曰亭户，或谓之灶户，是亭即灶也。"

南宋学者王应麟在其《通鉴地理》中记载，盐城在唐以前还是"海中之州，长百六十里，州上有盐亭百二十三"。

盐的景观（中国篇）

日本第十三批遣唐使中的高僧圆仁，在所着的《大唐求法巡礼行记》一书中，描述他乘船赴如皋、扬州途中所见："盐官船积盐，或三四船，或四五船，双结续编，不绝数十里，相随而行。乍见难记，甚为大奇。"当年沿海盐业之盛由此可见一斑。

南唐时，马塘场（今属如东县），用卤成功地煎出上乘之盐，时人赞叹："此卤，金也！"该盐亭由此而得"金卤亭"之美称。而同为淮南盐区的通州西亭，东台的东亭（东台雅称）也都因产盐而得名。

到宋代，煮海为盐的工艺相当成熟。《通州煮海录》记载："煎制海盐过程，分为碎场、晒灰、淋卤、试莲、煎盐、采花等六道工序。"

1128 年，黄河夺淮南经苏北境内入海，黄河携带的大量泥沙在沿海堆积，致使海岸东迁迅速，苏北海岸线发生了巨大变化，这对江苏沿海盐业产生了深远影响。海岸东迁的结果，形成了淮南盐业日趋衰落、淮北盐场迅速发展的局面。

苏北盐场里的运盐工人。

[卷三] 海盐：冰颜如玉

元代，江苏沿海的盐业生产规模继续扩大，当时已建成盐场 30 座，煮盐规模居全国首位。

明代，江苏盐业技术，由煎盐发展到晒盐。《明史·食货志》记载："淮南之盐煎，淮北之盐晒。"这说明早在 500 年前，江苏海盐就有煎盐和晒盐两种生产技术。

清代，淮北盐场下设临兴（今青口盐场一带）、中正（今台南、徐圩二场范围）、板浦（今 灌云县北）三场。

到 20 世纪 60 年代中期，沿海制盐技术得到发展，发明了结晶池塑料薄膜苫盖技术，并很快在全省推广使用。这项技术，主要是防雨。降雨前，放出塑料薄膜，覆盖在结晶池卤水液面上，保护盐层和卤水，将雨水隔离在薄膜之上，并随时排出池外，雨后收起薄膜，充分利用日照晒盐，其结果提高了原盐的产量和质量，这为多雨地区实行海盐常年生产、长期结晶，开创了一条新路，并由此为逐步实现扬水、制卤、收盐、运输机械化创造了条件。

江苏盐海首先修筑了 200 多千米的捍盐大堤，以抵御海潮对盐田的危害。以后又相继造水闸 48 座、多处扬水站和淡水排洪河道。2000 多处日式盐滩，经技术改造成为新式盐田。

现在苏北沿海 12 个县（市）都有盐场分布，主要由连云港的青口、台北、台南、徐圩、灌西、灌东、新滩和射阳 8 个分场组成，盐田总面积扩大至 650 平方千米。

沧海盐田。江苏沿岸那些古老的盐场，仍然在生产着著名的雪花盐。夕阳西下，金黄色的阳光洒落在镜子般的盐田上，一亩亩，一垄垄，光影浮动。盐田上，盐民稀落。一眼望不到边的盐田往大海方向延伸。田埂边，成堆海盐累积起来，像一个个小山丘，暂时存放海盐的"大坨"里，白茫茫一片。

在戴着草帽的盐工们的铁锹下，精细如玉的海盐从一座盐丘飘向另一座盐丘，满天飞散，落雪一般。

5. 东南盐仓——布袋盐场

　　布袋盐场，是中国台湾省最大的盐业基地，位于嘉义县西南沿海，布袋镇新厝里。北邻东石乡，东北连朴子市，东南连义竹乡，西滨台湾海峡，南隔八掌溪接台南市北门区。地处嘉南平原，地势低平，气候属副热带季风气候与热带季风气候的过渡，渔盐丰饶。布袋镇旧称"布袋嘴"，又称"冬港"。"布袋嘴"的由来与布袋港地形有关，布袋港突出于潟湖之间，商船出入仿佛由布袋口进出，故名。

"鲲鯓王平安盐祭"是台湾版的旅游经贸节，鲲鯓即鲸鱼、大鱼之意。节日期间，有一种以盐祈福的"平安盐福袋"十分抢手。盐袋上的图案每年都不一样。图为台湾嘉义县西南沿海布袋盐场所生产的平安盐袋。

[卷三] 海盐·冰颜如玉

129

布袋盐场盐田里的挑盐工。台湾西南海岸因拥有强烈的日照以及平直的沙岸等先天条件，自古以来即是著名的盐场。20世纪60年代，是布袋盐场全盛时期，白色的盐田整齐地排列在台17号公路两侧，一座座雪白的盐山，为当时最特殊的景观，当时约有2400多位盐工，十分壮观。

　　布袋盐场历史悠久。明郑成功曾在此开发盐场，这段史迹，成为布袋盐田最风光的历史。

　　布袋盐场拥有得天独厚的地理条件，晒盐历史悠久，境内曾经堆积如山的盐田景观，曾让人叹为观止，成为布袋盐田的"白金岁月"。

　　布袋盐场横跨沿海的东石、布袋及义竹三乡镇，面积广达20平方千米，由北而南，分设立掌潭、寿岛、新厝、中区、北港、新口等6个场务所，管理辖下10个生产区。如今，这个古老的盐场，随着时代的转变，人工挑盐已经被机械化晒盐所取代。盐田上，盐工挥汗如雨的情景，以及穿行在盐山之间的小火车，也都成为布袋盐场几百年的历史印迹。虽往日情景不再，但只要这片土地、阳光及海水还在，雪盐还在纷扬飘洒，就还有更多的未来与希望。

　　在布袋盐场看到成堆的盐山，皑皑雪盐如若冬景，这让人有置身北国瑞雪之感。台湾极少下雪，一座座盐山，遍地雪景，弥补了当地人无法观雪的缺憾。

[卷三] 海盐·冰颜如玉

布袋盐场盐田里的
运盐女工。

来到海边，仿若冬去春来，那一块块盐田，又让人有置身江南水乡的疑惑。台湾西南海岸，有一平直沙崖，由于日照时间特长，这一条狭长的海岸线，形成一片特殊的盐田景观。

每年 3~5 月，日照最强，且无雨水干扰，为盐场最忙碌的季节，走近海边，一丘一丘洁白的盐堆出现在眼前。

由于布袋海滩平直，地势缓斜，且冬半年干燥少雨，常常两三个月滴雨不下，日照充分，季风强劲，对晒制海盐十分有利，是台湾唯一晒制海盐理想岸段。更主要的是，这里海水含盐量高达 35％，约等于长江口外的 7 倍多，是我国含盐度最高的水域之一。

目前，从大肚溪以南的鹿港到高雄附近的乌树林，连绵分布着一系列盐场，总面积达 40 多平方千米，其中以布袋、七股、北门、台南、高雄五大盐田最为著名。这片区域自古以来就是我国台岛盐场富集区，每年生产着 60 多万吨食盐，素被人们誉为"东南盐仓"。所产之盐成本低、色泽纯白，堪称上品。

6. 岸边的睡莲——洋浦千年古盐田

如果初到洋浦盐田村，看见遍地巨大的石砚台，很多人一定会莫名惊诧，海滩上陈列的这些杂乱无章、大小不一的石砚是做什么用的，如果不告诉你这个秘密，几乎没有人能猜得出。这就是千百年来，当地村民用来晒盐的石盐池。这个村子，也因此被称为"盐田村"。

千年古盐田，位于海南西北部的儋州市、洋浦半岛西南处，濒临新英湾，距今 1200 多年。这里完好地保

海南洋浦千年古盐田。盐田村是一个火山石村。1200 多年前，一群福建莆田人逃难至此，他们从海水浸泡和烈日暴晒的石头上，无意中发现了盐，于是他们创造了中国最早的日晒制盐法。

[卷三] 海盐·冰颜如玉

存了 50 多万平方米的盐田, 7300 多个石槽, 晒盐泥地、盐泥池、盐卤水池各约八九十个, 蓄海水池约六七十个。

这些巨型的砚池, 是用什么做成的呢?

答案是玄武岩, 通俗地说, 就是火山岩。原来, 琼岛北部广泛发育的新生代岩被, 在地形上如波状起伏, 属于一望无际的火山岩低丘台地。琼北与隔海相望的雷州半岛, 属陆间裂谷型构造, 强烈的新构造运动, 断裂、沉陷拉薄了海南岛北部的地壳, 造成海南岛北部火山频发, 使琼雷地区成为我国重要的新生代火山活动区域之一。琼北因火山活动持续时间更长, 强度较大, 火山地貌尤为发育。火山地貌类型繁多, 各种火山岩石奇形怪状, 形态各异, 完全是一处天然火山博物馆。

整个琼北, 留有 100 多座火山遗址。这使北部几个县都布满火山岩。儋州就坐落在死火山遗址上, 洋浦半岛就是由火山熔岩塑造的, 遍地的火山岩散落在海边。洋浦先民们起先走

海南洋浦千年古盐田位于洋浦开发区南部的新英湾内, 有一个 50 多公顷的古盐田, 大小不一, 7300 多块砚式盐槽错落有致, 像棋盘般散落其间, 夕阳下, 晒出的盐花发出晶莹的光泽。

过火山岩，到海边渔猎，无意中发现那片浅滩石头，经过海水浸泡和烈日暴晒后，一些凹槽地方，留下一块块白花花的东西，尝了一下，有咸味，是盐。洋浦先民们终于明白了，这里可以晒盐。很多岩石上的低凹槽用完了，有些村民就开始用火山岩。这是个好主意。海边的村民，开始了制作石砚台的劳动。

火山岩坚硬无比，可海边人有充足的时间，一年不行，两年，一代人不够，下一代人继续。祖祖辈辈，硬是把海边的这些顽石做成了砚池。全村人像石匠一样，顶着烈日凿石为槽。那种艰苦劳作的情形，恐非现在的我们所能想象。海边那些坚硬的火山石，终于变成了一个个砚池，放水晒盐，最终又成为盐池。

洋浦的先民们以石槽替代铁锅，借太阳之炎烈，开创"日晒制盐"的先河，并将此地取名为"盐田村"定居下来。

远远望去，那些石盐池，就像浮在海边的一朵朵睡莲。玄武岩硬度强，耐腐蚀，由它制成的盐池历经千年而不坏。

大量的火山石，在当地除了做晒盐池，还被村民用来盖房子、修路、垒院墙、做磨盘等，成为盐田人生活中不可缺少的部分。至今，在村中仍可看到许多用火山石垒起

的石屋，村民们称之为"老房子"。

　　盐田村里有一部祖传家谱，上面关于祖辈晒盐为生的记载，始于公元805年。倘若按照族谱记载，盐田村建盐田，推广日晒式制盐的作业方式，至今已有1200多年的历史。

和喧闹的开发区相较，数百米之外的盐田村似乎已被历史遗忘，时间在这里凝固，展现在眼前的大片盐田，看上去像是一个文物的发掘现场。

盐田村古老而独特的手工晒盐工艺，就像中国晒盐史上的活化石，至今还在使用。具体晒盐过程是这样的。

第一步：蓄海水。每月大潮时，海水会淹过海边的盐泥，盐泥有汲取海水中盐分的功效。如果没有大潮，则要挑海水浇泥，让海水泡足。

第二步：松土。被海水泡足的泥土（盐土），用木耙翻松，目的是让盐土中的水分蒸发，一般晒两三天，盐土就很干燥，这样就得到含盐量很高的盐泥了。松土用的工具很简单，就一只木耙。

第三步：茅草过滤。盐泥旁边，有一个挖好的盐塘，盐塘底部，铺入稻草，成为过滤器，然后将那些翻好、晒干的盐泥倒在稻草上面，再浇入海水过滤，过滤出来的水，称之为卤水，就从盐塘里经稻草的过滤，流入另一侧的卤水池里。

第四步：晒盐。将卤水池里的卤水盛出，倒入那一朵朵"睡莲"上。此时，这些火山石砚的砚池里，装的就是很浓的卤水，由于太阳炽热，只要大半天，水就晒干，傍晚时，就能收到雪白的盐了。

"洋浦盐田，朝水夕钱"，这是当地流传了千年的古话，意指洋浦古盐田，早上在盐槽上倒入卤水，下午即可收盐换钱。

洋浦盐洁白如雪，细如棉，咸味适中纯正，不带苦味，具有纯天然、无杂质、颗粒小、可直接食用等特点。真正的纯手工制作，无任何添加剂，远近闻名，大家都称之为"老盐巴"。

"老盐巴"可清热退火，消毒散瘀，现在越来越稀少，除非去当地旅行，一般买不到。

7. 草堰古盐场

草堰古盐场，位于江苏省大丰市西南端，东南和东台市接壤，北与北驹镇为邻，东连西团镇，西有串场河为界且与兴化境相望。

两汉时，这里的盐业已负盛名。唐、宋时草堰之境就设丁溪、竹溪、小海三大盐场。3个古盐场略呈"品"字状，分布于始筑于唐宋年间的范公堤两侧。

据北宋《太平寰宇记》记载："海陵监如皋仓小海场（今草堰镇）岁产盐六十五万千担。"

明朝后来，海岸东迁，滩涂日广，海水远去，盐业生产逐渐凋敝。清末，废灶兴垦，草堰古镇也就退出了制盐的历史舞台。但是，2000多年来的海盐生产历史，并由此形成的海盐文化，已成为中国文化史的重要组成部分，受到保护和关注。当年盐工们挥汗如雨、雪盐堆积如山的情景，早已不复存在。现在只能从当年盐场生产留下的遗迹，去感知远古的，那种异于我们生活的，关于盐的生产场景。

目前在草堰镇，留有许多古盐运输和集散地的历史遗迹。现存遗迹主要是集中于草堰、丁溪夹河两侧。

【盐河夹沟】也叫夹河，它有两条：一条在丁溪，一条在草堰老镇。

丁溪夹沟。今在草堰镇南西2.5千米处，长不足500米，淤塞，废弃。草堰夹沟。位于草堰镇西端，长约1千米，宽20米，深2米左右。这些河皆人工所挖，当年，晒好的原盐外运到扬州等更大集散地，必经此河，故河道虽短，却是咽喉。

经考证，丁溪夹河形成于南宋之前，草堰夹河形成于

明代之前。

【古盐巷】草堰古盐场的古街巷，主要分布在老镇夹沟西侧，另一条在丁溪古庆丰桥东。

草堰老镇夹河西侧的古街巷，原与夹河长度相等，现保存情况较为完好的有100多米，其中尤以中心桥（永宁桥原址）北60多米基本保持原貌。史称此街"长街三里，典当七户，东西大市，百货云集"。街宽约2.6米，中间为青石，两侧是小砖铺砌，年久日深，中间青石多有龟裂。街两侧原为商铺，且有廊顶，现已不存。街巷里，许多清末民居尚在。

丁溪古街巷。夹沟之上，有古庆丰桥，向东延伸，至范公堤。此段为古街巷，长约250米。古巷原有商铺，现多不存。

【盐桥与水闸】这些古桥与水闸，见证了草堰盐场的辉煌历史。古庆丰桥，单孔石拱桥，东西走向，长328米，宽5米，中宽4米，拱高3.3米。桥石栏北侧中间有"古庆丰桥"题刻，南侧中部有"古庆丰桥碑记"。始建于南宋淳

江苏大丰市西南端的草堰古盐场。草堰历史悠久、人文荟萃、物华天宝。两汉时的盐业已负盛名。唐、宋时草堰之境就设丁溪、竹溪、小海盐场。据北宋《太平寰宇记》记载："海陵监如皋仓小海场（在草堰境内）岁产盐六十五万千担。"

[卷三] 海盐·冰颜如玉

熙年间，明代重修，清代大修，晚清又数次重建。这座古老的桥，是古盐运集散地起始年代的重要见证。

据《东台县志》记载，现草堰地段有石闸5处，现存两处，分别是草堰石闸和丁溪闸。

【盐码头】在古代，盐主要是靠水运，一个大盐场的码头有多繁荣，可想而知。仅草堰夹沟两岸，800多米的长度里，码头遗存有18处之多。随着岁月流逝，这些码头多已荒废，只能看见荒草丛中，那些褐色花岗石铺成的石阶。

【盐河：串场河】串场河北起阜宁，南抵海安，全长152千米，与宋代范公堤同时期形成，是贯通淮南诸盐场的交通主动脉。在草堰，曾经贯通丁溪、小海、草堰三大盐场，草堰盐场的盐运，主要依赖此大动脉，散运四方。

【范公堤】范仲淹任西溪盐官时，率领百姓修筑的捍海堰。与串场河一样，北起阜宁，南抵海安，宋代形成，它长期以来一直是当地南北交通的主干道。后来几经改建为204国道，原貌多不存。只剩草堰这一段2千米左右的老路还是原貌。

【张士诚聚义遗址】张士诚（1321~1367年），大丰草堰人，原靠贩盐为生。元至正三年（1353年），因不堪官商盘剥，聚丁起义，在苏州称王。聚义的地点，为当时草堰境内的古刹北极殿，今重修。

张士诚父亲和妹妹的墓也都在草堰镇，现为大丰市文物保护单位。

【竹溪碑廊】草堰宋代称为"竹溪场"，即名"竹溪碑廊"。有明万历间的"万灶感恩碑"，记述了当时受海潮侵扰，许多盐民流离失所，幸得盐场施救并重起灶火的事迹。还有当地一些门额碑刻以及石经幢、东台县衙告示碑等。该碑廊反映了草堰盐场盐文化的丰富与久远。

【玉真楼与卞仓】长篇小说《镜花缘》作者李汝珍，是盐官的子弟。《镜花缘》不是在一个地方完成的，除了板浦场盐课司衙署，还有一个地方，那就是草堰盐场的玉真楼。

嘉庆六年（1801年），李汝珍的哥哥李汝璜，调往草堰场盐课司任职，李汝珍也携妻小来到草堰。草堰是一个古盐场，也是一个文化古镇，这里距《水浒传》作者施耐庵故居白驹盐场只有15千米。

李汝珍在草堰场结识了一位自号蔬庵老人的卞蛮，他是施耐庵表弟、盐民卞元亨之后人。他熟知施耐庵创作《水浒传》的掌故。李汝珍在《镜花缘》中有这样的文字："施耐庵著《水浒传》，先将一百八人图其形象，然后揣其性情，故一言一动，无不效其口吻神情。先生写百名才女，必效此法，细细白描，定是龙眼粉本。"

李汝珍在书中还写到了"卞仓"："如今世上所传的枯枝牡丹，淮南卞仓最多。"卞是卞府，仓就是盐仓。草堰盐场的卞府有一片牡丹园，内有天下名品枯枝牡丹，即主干枯焦，只有开花分枝处，才有青枝和绿叶。

【卷四】 井盐：盐花如雪

井盐神技 巧夺天工

所谓井盐，即打井取卤。在古代，全凭手工人力。井盐最发达的地方是自贡，素有"盐都"之称，其开采井盐已有2000年的历史。据记载，历代盐工在自贡先后钻井13000多口，并成为世界上首个井深超过1000米的国家。自贡人以其无比的智慧，首创了神奇而独特的"卓筒井"，这是世界钻井史上的一次创造性的发明，被誉为中国古代"第五大发明"。

当我们阅读《四川盐法志》之类的古籍，看到其中林立的井架、天车等钻井装置，以及如火如荼的生产场景，你会误以为那里正在进行着一场规模宏大的工业革命。

2006年5月20日，自贡井盐深钻汲制技艺，经国务院批准，列入第一批国家级非物质文化遗产名录。

1. 大公井与贡井

　　自贡地处川南，被称为"千年盐都"，从东汉章帝时期开始，已有近 2000 年的井盐开采生产历史。

　　关于"自贡"地名的来历，说法较多的一种是源于两口盐井，一口叫自流井，一口叫大公井。关于"大公井"与"大贡井"到底是什么关系，现在也无从查证。多数说法是，一开始是大公井，后来，因此地人多音杂，"公"与"贡"，也就混为一说。另一说法是，大公井的盐，质量上佳，成为贡品，这无疑是当地人的荣誉，"贡"字就取代了"公"字，直至现在。

　　2008 年，在自流井区最南端的漆树乡古场镇的漆树老街，有一个牌楼式石碑刻有"乐善坊"的字样。其碑文中，有"自贡"二字，这是目前所发现关于自贡地名的最早记载，

这是自贡打盐井的老照片。一口盐井，有时要打几年、十几年时间。大型井架、缆车等所有设备都是用杉木、竹子、竹篾，麻绳捆扎连接成的。上千米的深井，是用人力或畜力凿成的。

［卷四］井盐·盐花如雪

碑刻时间是 1851 年。

大公井位于自贡市，曾经这里是地下卤水资源十分丰富的地方。大公井最早开凿于南北朝末期，因其年代久远，原址已无从查考。但在自贡民间，一直有传言，说大公井的原址，位于东岳庙下。此前，这里曾有一座庙宇，叫东岳庙。后庙宇坍塌，无力再建，即由当地百姓拆之，改建民居。

大公井是自贡早期卤井，那时还未有深井技术，故大公井属于大口径卤井。为了寻找大公井的确切位置，自贡文物部门曾在河街子一带多次进行挖掘，并最终找到了一口直径数米的大井，深数米。同时，在周边亦挖出浅井 13 余口。由此可知，大公井并不确指是哪一口井，而是这一片区域群井的共同名称。而唐以前出现的公井、公井县，即以此为中心。

据唐《元和郡县志》记载，唐时的公井县，"有盐井十所"。

南宋淳熙元年（1174 年）11 月，著名诗人陆游，乘着小木轮车一路颠簸，前往荣州上任。他的官职一降再

自贡市大公井制盐的场所。1500 多年前北周武帝时期，自贡就因天下第一古盐卤井——大公井而设镇。通过提取 1000 米以下侏罗纪时期地质层卤水熬制的井盐，品质纯正、色泽晶莹、味道纯美，堪称人间精华。

降，现在只是一个代理县长。然而，古荣州山峦逶迤的绝美风光，让陆游一扫郁闷的心情。更让他兴奋的是，他看到了当地高耸的井架、长筒等大规模的制盐作坊。正如他的诗中所写："长筒汲井傲雪霜，辘轳咿哑官道傍。"而我们，也在今天能形象地看到宋代井盐生产的一片繁荣景象。

一边是雪白的盐，一边是官道旁边林立的井架，这样繁忙的生产场景，在他处从未见过，立即让人产生无比的新奇感，让郁闷的诗人心中不禁为之一振。

北宋中期，宋仁宗庆历年间，蜀地的盐工们在盐业史上创造了奇迹，他们成功地钻凿出了小口径盐井，口径只有碗口那么大，这就是名扬中国科技史上的卓筒井。北宋文学家苏轼《东坡志林》卷四记载："自庆历、皇以来，蜀始创筒井。"卓，是高而深之义；筒，即竹筒状。卓筒井，即指深而细，状如筒的盐井，又名筒井。

自贡市大公井制盐场所的老照片。盐工正以大锅煮卤水。

传说，到了明嘉靖年间，公井所产之盐，成为贡品，故改"公井"为"贡井"。这是贡井这一地名由来的又说一法。

我们现在很难想象，在生产力落后的古代社会里，会有那种天车林立、井灶密布的壮观场面。

至清朝初年，贡井之盐场、射蓬盐场与犍乐盐场并列为四川三大产盐中心。咸丰、同治年间，自贡年产盐 20 万～30 万吨，占全川盐产量的 50% 以上，成为蜀地盐业中心，时人称之为"盐都"。

盐井的发展经历了大口浅井和小口深井两个发展阶段。据记载，公元前 255 年至公元前 251 年，著名水利专家李冰任蜀郡守时，组织当地人民用开凿水井的方法开凿了我国第一口盐井广都盐井（位于今成都双流），广都盐井即为大口浅井。

自贡地区的大口浅井以大公井为代表，一直持续了 1200 多年，直到北宋以卓筒井工艺为代表的小口深井出现以后，小口深井才逐渐取代大口浅井，成为四川盐井的主要形式。燊海井、东源井等是小口深井的典型代表。

2. 古盐道丰碑——乐善坊

自贡一直被称为"盐都"。但是关于"自贡"二字最早何处出现，一直有争议。2008 年，发现了"乐善坊"碑，这才确定了"自贡"二字的最早记载。

乐善坊，位于自贡市自流井区漆树乡古场镇。虽说是"坊"，却不是我们常见的那种大牌坊，而是一种碑式建筑。

漆树镇，在古代是一个驿站，是自贡通往宜宾的盐运

自贡市大公井制盐场所的老照片。此为井架，用以钻井汲取地下的卤水。无论走在自贡的城市或是农村，你都会看到许多高高耸起、用竹篾将圆木捆绑成人字形井架，这是打井用装置，当地叫天车，这也就是自贡称之为盐都的标志建筑。

必经通道。

清咸丰年间，自贡盐商颜昌英、李振亨在此捐资修路，造福乡里，里人建功德碑"乐善坊"以记此事。

乐善坊坐西南向东北，为石结构，三滴水两柱单门，通高约5米，宽3余米。石坊正面，通体布满雕刻，正门嵌修路碑记一方，上方匾额书"乐善坊"三字，匾额书"平康正直"，柱联联文："修亿万人往来道路，开数十代远大征程。"

顶为镂空雕刻，背面无纹饰。石碑正中嵌修路碑记一方，碑文题款为"武德骑尉颜公昌英，奉直大夫李公振亨，二善人修路碑记"。尾款书"岁贡生候选训导，黄金钊拜撰，廪生陈蘭芬敬书，大清咸丰元年秋月穀旦"。

牌文内容，主要记载了自贡最早的四大盐商中的颜昌英、李振亨捐资修路的事迹，即从自贡到戎州段约100千米，打通了自贡至宜宾的路上盐运通道。碑中同时记载了自贡市川主庙、南华宫、禹王宫、文昌宫等会馆庙宇及个人慷慨捐助的事迹。

乐善坊建筑严密，从结构、水平、重心到垂直线条都是经过精细的处理。乐善坊雕刻精美，花鸟人物、狮象螺铛，均镂刻得栩栩如生。乐善坊上的匾额、柱联，施圆底刻，厚重庄严，苍劲有力，至今完整无损，清晰可见。2009年，经自流井区政府抢救性修复，采取有效措施增加了乐善坊的稳定性和抗风化能力。

乐善坊碑记中，出现的"自贡"二字，比此前最早记载"自贡"二字的公文（1911年）提前了60年，这是记载自贡盐业发展史的重要见证，极具盐史研究价值。

由于漆树乡俞冲社区（漆树凼）多次城镇变化，乐善坊所在地一直划为居民住房用地，乐善坊被作为隔墙修建在民居住房内。全国第二次文物普查期间，乐善坊藏在屋内未被发现。

而全国第三次文物普查期间，乐善坊所在的那户民居房屋为建筑安全，重建住房，在拆除危房后，这座藏于房屋内的乐善牌坊才得以重见天日。

3. 盐马古道的起点——贡井老街

根据四川人民出版社出版的《自贡市贡井区志》记载，贡井有九坝十三街，这些坝和街，集中在自贡市的母亲河——旭水河北岸边的大公井周围，是贡井古镇清末民初时期风貌的缩影。几经沧桑，如今保留下来的，只剩下老街与河街。

贡井老街约百米长，宽不足10米。街面铺以菱形石板，古老陈旧，板面多有磨损，凹凸不平。街两边，仍是旧屋，上下两层，木结构，青瓦房。街下端，有50梯石阶，与古老的河街相连。这里是古盐文化的发祥地——盐马古道的始端。

自从"大公井"问世，一大批盐井在这片土地诞生。随着盐业生产的发展，人口逐渐聚集，市街开始繁荣。狭长的河街已难以满足发展的需要，城镇开始从旭水河边的河街一带，跨越陡岩向二级台地上的老街地区连片发展。

《元和郡县志》记载："公井县，西北至（荣）州90里，本汉江阳县地，属犍为郡。周武帝时，于此置公井镇。隋因之。武德元年（618年），于镇置荣州，因改镇为公井县。县有盐井十所，又有大公井，故县、镇因以为名。"

据此，可知今之贡井河街、老街地区，至少在1400多年前的南北朝时期，已因盐设镇、设县而载入史册。

自唐初，公井镇改为县治后，贡井老街、河街地区的井盐生产日趋繁荣。

南宋淳熙元年，诗人陆游在《入荣州境》诗中写道："长筒汲井傲雪霜，辘轳咿哑官道傍。"他还在《晚登横溪阁》诗中写道："煮井人忙下麦迟"，并亲注"荣州多盐井，秋冬收薪茅最急"，记述盐业生产系由农民兼作，以薪茅作熬盐燃料。陆游所描绘的就是当时贡井盐场的景象。

太平天国时期和抗日战争时期，淮盐受挫，川盐两度济楚，贡井和自流井两地井盐生产进入历史鼎盛时期，贡井老街一带已具今日规模。

盐商们在这里形成资本集团，富甲一方，有了资本，即在此广置产业，大修豪宅。漫步老街，河街片区的明清风格民居民宅尽收眼底，大约300余套，多为四合院，皆当年盐业商宅。这些大宅府第，依山就势，据守在盘旋曲折、高低起伏的巷陌间，各具风采。这里是西南规模最大，

保存最完好的古民居群之一。

民国以后，随着盐业生产向旭水河上游长土、艾叶的逐步转移，老街开始衰落。贡井市区逐步沿新街（今和平路）向南，在今贡井大桥、贡井平桥所在的旭水河两岸发展。

商业重点移向旭水河东南岸的筱溪街地区，而老街则偏于贡井城北隅，走进历史。

因盐设邑，老街历千年发展，商旅云集。贡井的老街河街井架林立，灶房遍地，旭水河盐船如织。各地盐商纷纷在此建立起自己的会馆、祠堂，加上寺庙，至解放时，有45座之多，南华宫即其一。这座气势恢宏、建构精美的建筑始建于光绪年间，至今已有百余年历史。

经济的发达，也带动了文化的繁荣，戏台的出现，就是经济活跃的有力见证。南华宫戏台，一直是川剧大舞台，是贡井老街上曾经喧嚣的一处。从戏台精美的造型与装饰，可以想象当年老街人声鼎沸的热闹场景。

自贡市河上运盐船的老照片。"八里秦淮"起于艾叶滩，止于石梁平桥，全程有8里水路，故有此美誉。在"八里秦淮"末端，平桥横跨旭水河上，南联筱溪，是贡井一个重要的盐运转滩码头，此处自古便是帆樯林立、盐船如梭的繁忙场面。

燊海井，开凿于1835年，井深千米，是人类史上第一口超千米的深井而蜚声中外。燊海井的占地面积1500平方米，由井架、取卤的大车房和制盐的灶房等组成。图为燊海井的建造场景。自贡人乃至中国人引以为自豪的燊海井，至今还在产卤制盐。

4. 世界第一口超千米的深井——燊海井

人类钻井史上，以最原始、最简易的人力工具，将钻井深度首次突破 1000 米的，是中国自贡的燊海井。

这是在没有任何现代工具与现代机械辅助的情况下取得的不朽纪录，这是人类钻井史上的奇迹。中国井盐钻井专家林元雄在《中国井盐科技史》一书中写道："钻井技术是中国古代第五大发明"。1988 年 1 月，国务院公布燊海井为全国重点文物保护单位。

2006 年 6 月，以燊海井为主要载体的自贡井盐深钻汲制技艺，被颁定为全国首批国家级非物质文化遗产。

燊海井，这到底是一口怎样神奇的井呢？

燊海井位于自贡市大安区阮家坝山下，占地面积 1500 平方米，井位海拔 342 米。现完好地保持着 19 世纪初的布局和风貌，是一处典型的清代井盐生产现场，主要由井架和碓房，推卤水的大车房，传统熬制方法生产食盐的灶房、柜房和盐仓六大部分组成。

"燊"，喻井火炽盛，"海"，喻卤水丰富。燊海井开凿于 1832 年，采用中国传统的冲击式（顿钻）凿井法，依靠碓架和人工，历时 3 年，于 1835 年钻凿到 1001.42 米深时出卤水。据美国权威资料记载，晚于燊海井 10 年，在美国卡诺瓦地区的一口创纪录卤井，井深不过只有 1700 英尺（518.17 米），而燊海井早已遥遥领先，创造了 19 世纪中叶前世界深井钻井纪录。

燊海井竣工初期，日喷黑卤 14 立方米，日产天然气 8500 立方米，烧盐锅 80 余口。近 200 年来，燊海井这口资深老井为自贡的盐业发展做出了卓越贡献。燊海井既是一口旺产深井，又是一座盐业历史博物馆，它真实地再现了井盐生产的全过程和发展历程，极具史料和科研价值。

燊海井的制盐工艺，共分为四大流程：一是提清化净，将卤水排放入圆锅中烧热，随后把准备好的黄豆豆浆按一定比例下锅，分离出杂质，以提高盐质。二是提取杂质。三是下渣盐、铲盐。四是淋盐、验盐。

燊海井灶房内，热气腾腾，雾气缭绕。用大铁锅土法熬制井盐，是一代又一代传承和延续下来的古老制盐技艺。走进燊海井的老灶房，你会看到传统敞锅熬盐的独特景象，

8 口大圆锅，由自产的天然气燃烧，锅中白色液体正在翻滚沸腾，盐工们正挥汗如雨操作。熬盐时，他们要往卤水里加入一定比例的黄豆浆，经 8 小时熬煮，待水分干后结成盐晶体，这样的盐，颜色和质量方属上乘。周围圆的成品盐晶体，堆成一座座雪山。

在燊海井，至今完好地保留了古代井盐的生产工具和设备，如天车、碓架、大车、汲卤筒等。燊海井天车高 18.4 米，由几百根杉木扎制而成。天车有 4 脚，四周拉有 12 根用于稳定井架的风篾。这些实物材料弥足珍贵，都是记载井盐历史的活标本。

在距离燊海井不远的上凤岭，坐落着清代井盐生产基地吉成井遗址。该遗址占地 1.7 公顷，主要由吉成井、裕成井、益生井、天成井 4 口盐井组成，每口井建有一座井架，是中国现存盐井及天车最集中的地区，碓房、灶房及盐仓等生产设施也基本保存完好。由于资源面临枯竭，这片区域已经不再生产，井口也已封上。

古时人们打井的方式：冲击式顿钻法。运用杠杆原理，由数人站在木碓架上，足踏碓板，碓头翘起，将连接着的锉头提起，然后跳开。如此一踏一跳，锉头一起一落，反复冲击顿钻。冲击钻头"圜刃"顿击井底，将岩石捣碎。

5. 中国古代第五大发明——卓筒井

宋代是中国古代科学技术高度发展的时期。

北宋庆历年间（1041~1048 年），四川南部地区出现了一种新型盐井——卓筒井。这是在继承汉唐大口径浅井的基础上，发明的冲击式顿钻凿井法。这是中国钻井术具有划时代意义的一项重大的技术革新，是钻井史上的创举。

卓筒井工艺的出现，是中国井盐凿井技术开始从开凿大口径浅井向小口径盐井过渡，为井盐生产开创了新的天地。

卓筒井一经问世，立即引起了当时一些有识之士的高度关注，并对此做了详细的记录。

北宋文学家文同（1018~1079 年），四川盐亭人，他在陵州（今仁寿县）任太守，听说在井研县诞生了卓筒井，亲自前往考察，并对卓筒井的工艺流程作了详细的记载。他觉得有必要请朝廷派一个有能力的京官，前来井研任职。他曾说："伏见管内井研县，去州治百里，地势深险，最号僻陋，在昔至为山中小邑，于今已谓要聚索治人处。盖自庆历以来，始因土人凿地植竹，为之卓筒井，以取咸泉，鬻炼盐色，后来其民尽能此法，为者甚众……访闻豪者一家至有一二十井，其次亦不减七八……今本县界内，已仅及百家。其所谓卓筒井者，以其临时易为藏掩，官司悉不能知其的是多少数目。每一家须役工匠四五十人至三二十人者。"（《奏为乞差京朝官知井研县事》）。

关于卓筒井的开凿及生产情况，苏轼在《蜀盐说》中做了如下记载：

"自庆历、皇佑以来，蜀始创"筒井"，用圜刃凿如碗大，深者数十丈，以巨竹去节，牝牡相衔为井，以隔横入淡水，则咸泉自上。又以竹之差小者出入井中为桶，无底而窍其上，悬熟皮数寸，出入水中，气自呼吸而启闭之，一筒致水数斗。凡筒井皆用机械，利之所在，人无不知。"

文同、苏轼关于卓筒井的记述，已将其出现的年代、井身结构、开凿方法和生产过程写得较为清楚。概括起来，卓筒井主要有如下几个关键要素：第一，卓筒井于北宋庆历年间出现，首先出现于四川南部的井研县；第二，卓筒井井径小（井径与巨竹内径同，大口直径约八九寸），深度为数十丈；第三，发明了冲击式顿钻凿井法，在人类历史上第一次使用钻井的钻头——"圜刃"开凿盐井；第四，用巨竹去节，将其首尾相接下入井中作套管，以防止井壁坍塌和周围淡水的浸入。在世界上首创了套管隔水法；第五，用小于井径的竹筒作汲卤容器，将熟皮置于筒底，构成单向阀装置。筒入水时，水激皮张而水入，筒起时，水压皮闭而水不泄。一次可采卤水数斗。

卓筒井具有技术先进、开凿时间短、占地面积小、易于开凿等优点，它一经问世，就迅速推广开来。至熙宁年间，在陵州境内便开凿了卓筒井数百口，其他州县，如法炮制。每10~15千米，连溪接谷，灶居鳞次。

卓筒井的普遍推广，大大促进了宋代的盐井生产。据南宋绍兴二年（1132年）不完全统计，"凡四川二十州，四千九百余井，岁产盐约六千余万斤"。（宋李心传：《蜀盐》）

其实，卓筒井的核心技术，就是"钻头——圜刃"的使用。以前打井，很浅，基本上遇到岩石，就没法挖下去了。而圜刃，就是想办法凿岩，只要把岩层打穿，岩层下面的卤水一样可以制盐。

用卓筒井方式打出的盐卤。在将近 1000 年 前，大英人的祖先以勤劳智慧和勇于探索创新的精神，发明了独一无二的卓筒井钻井技术，让埋藏于地下亿万年的古盐海重见天日，造福于人类。

在地下几百米的深处，要想把顽石凿穿，现在是轻而易举的事了（现代钻井技术已经超过了一万米），可是，在1000多年前纯手工的情况下，是怎么做到的呢？

现在看来，千年前的凿井术，是从劳动场景中受到启示而发明的——舂。古代舂米时，脚踏舂具，一起一落。

关于卓筒井的钻井方法，明代科学家宋应星在《天工开物》一书中，有详细载："凡蜀中石山，去河不远者，多可造井取盐。盐井周圆不过数寸，其上口小盂覆之有余，深必十丈以外，乃得卤信，故造井功费甚难。其器冶铁锥，如碓嘴形，其尖使极刚利，向石山舂凿成孔，其身破竹缠绳，夹悬此锥。每舂深入数尺，则又以竹接其身，使引而长。初入丈许，或以足踏碓梢，如舂米形，太深则用手捧持顿下，所舂石成碎粉；随以长竹接引悬铁盏挖之而上。大抵深者半载，浅者月余，乃得一井成就。"

由此可知，卓筒井的钻凿方法是采用机械凿井的方法——冲式顿钻凿井法。即使用一种形如旧式舂米木具，利用杠杆原理，将钻头——圜刃固定于碓头，然后足踏碓梢，带动锉头顿击井底，将岩石击碎。锉头在每顿击一次之后又重新被提起，清理出井底被粉碎的岩石，然后又做第二次顿击，如此一踏一跳，锉头一起一落，反复冲击顿钻，不断加深井的深度。然后再推动大地车，通过滑轮天车，将扇泥筒下到井底，把钻凿出的泥浆碎石提取出，像这样凿成一口井，往往要几年，甚至一二十年时间。

尽管关于卓筒井的史料详细，但有一个部件，一直是个谜。那就是"圜刃"，也就是钻头。俗话说，"没有金刚钻，不揽瓷器活"。可想而知，频繁撞击岩石的钻头"圜刃"，该是多么坚硬的一种材料啊！可是，那种圜刃，是由什么制成的呢？我们至今不得而知。

盐的景观（中国篇）

井架，自贡人称其为"天车"，是用于开凿小口深井、修治井、提取卤水的支架，一口盐井配有一架天车。古代自贡天车林立，蔚为壮观。目前仅存 19 架天车。天车的高度多在数十米，少数过百米。据记载，自贡历史上最高的天车，是修建于清朝乾隆年间的达德井天车，高 113.4 米，此天车因保管不善，今已不存。

天车的一侧是碓架，又称踩架，由圆木架设而成，上面安装有"花辊子"，用来绕篾绳。下面是人工踩板，踩板一端的碓头通过篾绳连接锉井等工具。工作时由几名工人踏踩板，利用杠杆原理，碓头翘起，钻井工具靠自身重力迅速向下冲击，如此反复击碎岩石。

"大车"则是用木头和竹片制成的大型轮盘，也叫"盘篾绞车""地车"，是借助绳索牵引凿井工具或汲卤筒的动力设施，由轴心、车盘、刹车、车架 4 个部分组成，由早期大口盐井的排车、推车进化而来。其工作原理是将竹篾绳的一端固定在大车上，经地辊、天辊转向后，拉动另一端的凿井工具或汲卤筒。起初通过人力转动大车，一般需要 10 多个工人，后发展为使用畜力。

汲卤筒是提卤的关键设备，一般 10 多米长，略细于井口，多选用直径 10 厘米左右的楠竹，将竹节打通，在底部装上牛皮做的单向阀。汲卤筒进入井下时，阀门被水压冲开，卤水进入筒内后，其压力作用于单向阀使汲卤筒自行密封，然后将卤水提出盐井。

如此巧夺天工的卓筒井，不只是中国盐业技术的一次革命，更是人类技术史上的创举。在生产力低下的 1000 多年前，中国人运用智慧，可以把地下几百米深、藏于岩石下的卤水提取出来，不能不惊叹这是世界科技史上的一个奇迹。

6. 闹市中的古盐道——自流井老街

自流井老街，位于自流井区釜溪河之滨，约1.5千米长。在这条宽仅2米多，长不过千米的运盐古道，沿道而下，直达釜溪河河岸。

这里曾经是井盐的运盐古道，依山傍水。至今残留了诸如路边井、盐运码头、自流井等遗迹。老街内建筑多为清末民初时期风格，石板道旁，有起伏连绵的普通宅院，也有庭院深深的盐商府第。老街尽头，就是举世闻名的古盐井"自流井"遗址所在地。

因"井水自然流出，非人力錾凿所成"而得名的自流井，产盐享誉天下。英国著名科学史家李·约瑟先生在自贡自流井考察时，自贡盐场的科学技术令他惊叹不已，在其所著的《中国科学技术史》中，记载了自贡自流井的制盐工艺。

石板古盐道经岁月沧桑，现存有路边井、钱川井、荣华井、四望井、火龙井等盐气井遗址。善后桥、自流井遗址、运盐码头等，经修葺，恢复了旧时的模样。走过古盐道，曾经的车水马龙、千帆竞渡的情景，会时时浮现眼前，并真切体味到古盐道当年的盛大劳动场景和盐业的繁荣景象。

坐落于自流井区解放路东段的西秦会馆，后倚风景秀丽的龙凤山，前临繁华热闹区，殿阁巍峨，造型奇特。

自贡市盐业历史博物馆设在会馆内。西秦会馆，寺名"武圣宫"，主供关帝神位，亦称"关帝庙"，俗称"陕西庙"。清初，陕籍商人来自流井经营盐业，发家致富。为了"款叙乡情"，并显示豪华富有，于清乾隆元年（1736年）动工兴建，历时16载，于乾隆十七年（1752年）竣工。

这是比较典型的中国建筑，平面组合，总体方正，强

调对称，中轴明确。建筑上的装饰，主要特色是木雕石刻，遍布全馆，多达数百件。西秦会馆在1988年1月公布为国家重点文物保护单位。

走在古盐道，至今仍可看到当年制盐的生产工具，最醒目的是天地辊（滑轮），是与天车、绞车连在一起的变向装置。盐工们运用物理学中最简单的原理，创造了产盐中的奇迹。

自流井老街由大量古井群组成，除了提取卤水的盐井，还有生产天然气为主的气井，供煮盐所需，俗称火井。自流井老街是一部厚重的盐业史，是自贡盐文化颇具代表的活标本。

自贡市盐业历史博物馆，位于四川省自贡市市中区龙凤山下的釜溪河畔。1959年建，有保存完好的碑文、木雕、石刻、泥塑等。这里是四川自贡市盐业历史博物馆庭院。

7. 澜沧江畔桃花盐
——芒康井盐

在历史上，藏族一直就有制盐的传统和工艺。唐代，吐蕃的食盐，是一种"炭盐"。唐樊绰《云南志》中记载："昆明城（今盐源）有大盐池，比陷吐蕃。蕃中不解煮法，以咸池水沃柴上，以火焚柴成炭，即于炭上掠取盐也。"

这是迄今所见最早的关于藏盐制作的文献，方法很奇特。先用卤水（咸水）浸泡木柴，又以火烧柴成炭，再从炭上刮取结晶的食盐。此法原始落后，被内地认为是"不解煮法"。

但是在西藏昌都地区的芒康县盐井村，却有另一种制盐法。"盐井"在这里是地名，全称是"西藏自治区芒康县盐井纳西民族乡"，它地处西藏东南端，位于横断山区澜沧江东岸，在芒康县和德钦县之间，平均海拔2400米。

历史上，芒康县盐井产的盐在藏

西藏芒康井盐。作为茶马古道上的重镇，澜沧江边的盐井拥有曾经的辉煌。盐井位于川、滇、藏3地交界处，是云南入藏的门户。盐井除了澜沧江边大片的绿洲田园外，还有近似活化石般的古老岩盐生产方式。

区就十分著名，现在能看到的历史记载均为清代以后的文献。清代著名作品《藏行纪程》（清杜昌丁撰）中，有这样的记载："自此北行过盐井，数日即小天竺、大天竺，滇蜀会兵必由之路也，西即澜沧"这是迄今所见关于"盐井"地名的最早记载。

"盐井"是由于产盐而得名，盐井藏名为"擦卡洛"，"擦"即意为盐，就是生产盐的地方。那里不仅有激流奔腾的澜沧江，苍莽的横断山脉，更有一片奇特的景观就是位于江边的千亩盐田。

盐井是西藏一个神奇而广博的地方，在这里，各种文化可以融合，并存。这里有迄今西藏唯一的天主教教堂和信徒。纳西族和藏族的本土文化、纳西族的东巴教、藏族的藏传佛教和天主教，和谐地共存在这个横断山的峡谷古镇里，讲述着不同语言的民族和睦相处，形成了"茶马古道"上重要的一处驿站。此外，这里仍保留着古老的手工晒盐的原始风景。在提炼工艺高度发达的今天，盐井的盐工们，仍然延续着1000年来世界上最古老的原始制盐术。

在历史上，盐井是吐蕃通往南诏的要道，也是滇茶运往西藏的必经之路。目前，镇上居住有藏族3000多人，纳西族1300多人，还有少量其他民族。

严格说来，此地的盐应该算是泉盐，因为此地山高谷深，沿江两岸，有许多红色砂砾，其中富含卤水，自然流出。盐井一带，澜沧江峡谷沿岸2千米左右的范围内，共有盐泉80多眼。

这么多的盐水，都被集中起来，收贮在人工的盐井里。盐井，一般有五六米深，里面有木梯，可供盐民取卤水。无论冬夏，井里都烟雾缭绕，冒着热气。盐井地名，即由

此而来。

　　由于盐井多在江边，为防止江水上涨漫入井中，多数井沿砌得很高。

　　盐田，在江岸山崖上。人们用粗大的原木，沿上山的山道，搭建栈桥一样的骨架，骨架上铺木板，上面夯土，这是一种不透水的黏土，这就是一块大约 2 平方米的盐田。

　　盐田的颜色同岸上泥土的颜色相近。盐田根据地形，大小不一，沿山道向山崖上方延伸，就这样，在山腰，层层叠叠的盐田，高达三四百米。而下面，就是奔腾的澜沧江水，呼啸而过。

　　令人惊奇的是，江边卤水井里的盐水，要靠人力背到盐田中来。而且，如此沉重的背水活，都是妇女在做。她们先从江边的卤井里把水取出来，然后背到五六层楼高的木架上，倒入自家的盐池中沉淀，滤去杂质。然后再将干

西藏芒康背盐水的人，走进盐井乡，只见澜沧江边有一片片、一层层由木料搭成的木架梯田，这就是盐田。盐卤则取自己边的岩井。晒盐工人先将盐卤一桶桶地从岩洞中取出，然后背到五六层楼高的木架上，倒入自家的盐池，澄清后再将盐卤抽到盐田中，待水分风干后，即可收获盐粒。

净的卤水，一桶桶背到盐场曝晒蒸发。

晒干的盐被收装起来。按照每袋 60 千克，分袋包装。

他们的男人哪里去了？贩盐。所有的男人组成马帮，把这些晒好的盐运到外地销售。主要销售点在昌都地区的十几个县，还有云南的迪庆州，远处到达西藏林芝地区的察隅，四川甘孜州的巴塘、理塘和木里。

在光绪年间，盐井县设有盐榷，现在能查找到的一个盐榷官，是光绪年间的云南剑川白族段鹏瑞，宣统二年后他被赵尔丰任为盐井县的盐厘局长，他著的《盐井乡土志》，详细记载了盐井的风貌，特别是，文中提到了"桃花盐"的由来："盐田之式，土人于大江两岸层层架木，界以町畦。俨若内地水田。又掘盐池于旁。平时注卤其中，以备夏秋井口淹没之倾晒。计东岸产盐二区，一名蒲丁，一名牙喀，西岸产盐一区，曰加打。东岸盐质净白，西岸盐质微红，故滇边谓之桃花盐，较白盐尤易运销，以助茶色也。通计盐田二千七百六十有三。卤池六百八十有九，井五十有二，常年产盐约一万八千余驮，驮重百四十斤。如将来讲求穿井之法，岁出尚不止此。"

宣统元年（1909 年），清廷的军官程凤翔率清军到达盐井，他撰文描述了当时盐井的生产情况："江东岸产白盐，西岸产红盐，盐井深不及丈，卤盛若泉，夷民拙不能汲，架梯入井，负水为盐，四方商贾，多懋迁焉。其取盐之法，不藉火力，江两岸岩峻若壁，夷民缘岩构楼，上覆以泥，边高底平，注水于中，日暄风燥，干则成盐，扫贮楼下以待沽。夷名其楼曰盐田。数田之间有盐窝，状类田而稍深，用以囤积盐水，春暖夏融，江氾井湮，盐户取田泥浸诸其窝以取盐，仍与井水相若，盐楼鳞比数千……诚天生利源也。"

　　井盐的制作方法，主要有4个步骤：

　　1.汲卤：入卤井取水。沿很陡的梯子下入井中，小盆舀卤水入木桶。现在有小型抽水机取井中卤水。

　　2.背卤：从井里背出卤水，一直往山坡上走，约有100~200米，即到自家盐池。沉淀一二日后，清滤过的卤水舀起，倒入浅池边的盐田中。

3. 晒盐：在盐田中晒盐，主要依靠太阳和风力，卤水经过风吹日晒，几天之后，日暄风燥，干则成盐。

4. 取盐：用铁片工具，把盐田中发白的结晶盐粒刮出。每块盐田，每次能刮数十斤盐。

在盐井纳西族民族乡，现在还有60多户产盐专业户，他们没有土地，以晒盐为生。好在政府对他们管理较为宽松，允许他们自产自销，不用交任何费用，用卖盐换来的钱买粮食吃。盐的价格以质取胜，像白雪一样的盐，50千克可

卖到近百元。

　　关于盐井"桃花盐"的由来，除了盐色微红之外，还有一种说法。澜沧江两岸，西岸地势低缓，盐田较宽，所产的盐为淡红色，因采盐高峰期多在3~5月，桃花盛放，俗称"桃花盐"，又名"红盐"。江东地势较窄，盐田参差不齐，所产之盐色纯白，谓之"白盐"。红盐和白盐的颜色，与土质有关。红盐产量高，颜色好看，价格也低，成为盐井乡的著名特产。

西藏芒康运盐的马帮。运盐靠马帮运送，沿滇藏和藏川茶马古道跋山涉水，销往滇、川、藏等地，特别是西藏的芒康、左贡、察隅，云南的德钦、中甸以及四川的巴塘、理塘等藏族地区，多用芒康盐。

【卷五】 岩盐：回眸一瞬，积雪百里

岩盐：看起来像宝石的盐

岩盐是自然铸就的矿物，它的名字就包含着厚重的形态，通常称之为矿物盐。岩盐在过去有各种各样的名字，如天然盐、盐水晶、石盐、盐石等。还曾有个美丽的名字——宝石盐，看起来像宝石的盐。

岩盐的化学成分为氯化钠，晶体都属等轴晶系的卤化物。单晶体呈立方体，在立方体晶面上常有阶梯状凹陷，集合体常呈粒状或块状。纯净的岩盐无色透明或白色，含杂质时则可染成灰、黄、红、黑等颜色。

新鲜岩盐表面呈玻璃光泽，潮解后表面呈油脂光泽。

1. 江南盐都——樟树

　　1970 年 6 月 8 日，江西省地质局 915 大队，在普查勘探清江盆地石油资源时，意外地发现清江县（现樟树市）洋湖乡有一个大型盐矿。该矿矿区面积 113.66 平方千米，总储盐量达 103.7 亿吨，这是个相当庞大的数字，其矿区面积之大和储量之多，均远远超过此前发现的会昌周田盐矿。

　　江西盐矿属大型岩盐矿床，产于三叠系红色岩层中，计有盐矿 1~34 层，岩层厚约 1~5 米，中心厚度 625 米。此次勘探，虽未发现石油，但大型岩盐矿的发现，让江西人民惊喜不已。

　　众所周知，千百年来，作为内陆省份的江西，世代人所吃的每一粒盐，都要从江苏、浙江、广东、福建等沿海省区输入。在历史上的社会动荡时期，许多人甚至不得不淡食。

　　民国时期，国民党政府表面上实行食盐专卖政策，但实际上食盐被沿海为数不多的几个盐商所控制。江西人的食用

在 1.45 亿年前，江西原是一片浅海区。地壳隆起，海水不断往樟树这一深凹处汇集，形成沉积盐矿床。后地壳运动再次使这个巨大的沉积盐矿床埋到千米地下，形成了储量达 103 亿吨的岩盐矿。

［卷五］岩盐：回眸一瞬，积雪百里

盐，主要靠盐商们长途贩运而来，再经层层转卖，不仅价高，而且量少。当时的江西食盐公卖处规定，每人每月只有半斤食盐的购买指标。著名电影《闪闪的红星》中，潘冬子藏盐的故事，很精彩地表现出这段历史的真实情形。

争夺食盐的故事，在江西有各种各样的版本，就连毛泽东、朱德等当时的红军高级将领，也曾带头挑盐上山。此类故事，仍在当地流传。

新中国成立后，食盐由国家专营，每年计划从福建、浙江、广东等沿海省份调入海盐20多万吨，来供应整个江西省。

由此可见，清江大型盐矿的发现，对于江西是何等重大的意义。

1970年9月2日，正在庐山主持召开中共九届二中全会的毛泽东，看到《人民日报》登载的江西找到盐矿的消息后，异常兴奋，欣然命笔，在报上批示："江西找到了盐矿，是件大好事。请转与会诸同志。"

1972年11月12日，邓小平亲临江西盐矿视察，对江西盐矿的发展

樟树市岩盐资源丰富，已探明岩盐保有储量103亿吨，占江西全省储量95%以上，居全省首位。樟树，人们的第一印象是"药都""酒都"，随着樟树盐化产业的强势崛起，又赋予她一个新的称号——"盐都"。

寄予殷切的期望，表达了对江西找到盐矿的兴奋之情。他说："江西过去没有盐，老百姓吃够了没有盐的苦头。现在可好了，有盐了，江西老表可以不再为吃盐发愁了。"

当时的清江县，于 1988 年撤县，设樟树市。这是中国有名的药都，它以其特有的药材生产、加工、炮制和经营闻名遐迩，素享"药不到樟树不齐，药不到樟树不灵"之美誉。

清江大型盐矿发现之后，樟树又被誉为"江西盐都"。樟树境内岩盐丰富，已探明储量 103.7 亿吨，位居中国第四位，占江西省岩盐总储量的 90%。樟树市岩盐矿产资源具有矿床规模大，质量好，开采技术条件简单的特点。目前，樟树已形成了 140 万吨的原盐年生产能力，精制盐质量在全国首屈一指，并已占据香港 70% 的市场份额。

如今，在樟树市城区东南约 8 千米的一片低缓丘陵上，一个占地十几平方千米的现代化盐化企业正在诞生。其中的项目包括 10 万吨离子膜碱，10 万吨聚氯乙烯，年产 30 万吨纯碱，30 万吨氯化铵，1 万吨漂粉精等。樟树的岩盐化工业，进入了一个新时代。

2 河南叶县——岩盐之都

叶县位于河南省中部偏西南。叶县山水秀美，汝河、湛河、沙河、灰河、澧河、甘江河 6 条河流穿境而过，老青山、歪头山为代表的伏牛山水与望夫石山、黄花岭为代表的桐柏山水交相辉映。诗仙李白曾在此留下"青山不墨千秋画，澧水无弦万古琴"的赞美诗篇。

叶县文化厚重，古为豫州地，周为应侯国，春秋时属楚，楚国著名政治家叶公沈诸梁受封于此。境内明代县衙是全国保存较好的唯一一座明代县衙。楚长城因比秦长城早400多年，被誉为"长城之父"，出土的编钟是我国年代最早、保存最为完整的春秋编钟。历史上以少胜多、以弱胜强的著名战例"昆阳之战"也发生于此。

叶县本无盐。历史上，叶县和全国其他地方一样，承受过缺盐的危害，在盐价高涨时，同样手足无措。在几千年的历史上，这里的大部分农民只能靠养鸡下蛋等办法换盐吃。

一次偶然发现，彻底改变了叶县。

1981年，一队石油勘探人员，把钻头钻进2000多米的地壳中，发现了叶县地下蕴藏的丰富的盐矿资源。后经国家化工部钾盐地质大队和化工部化学矿产地质研究院等单位分别对叶县马庄、田庄、五里铺、娄庄、姚寨等5个矿段进行勘探，证实在叶县境内的地下，蕴藏着一个特大型优质盐矿床——叶县盐田。

1986年12月3日，当地媒体才正式披露这一重大新闻。

盐田展布面积约400平方千米，其中四分之三分布在叶县境内，地质储量2300亿吨，仅次于江苏淮阴盐田。叶县盐田在全国30多个盐盆中，品位第一，储量第二，且单层厚度大，埋藏深度非常适中，便于开采和利用。

在此后20余年的时间里，盐的发展改变了叶县，但远没有人们期望的那么快。只是在最近这些年，大企业争相进入盐化工领域，叶县的发展节奏大大加快。

石盐的学名是氯化钠，是化学工业的重要原料，被称为"化学工业之母"。从盐派生出的产品，如今已出现在人们衣食住行的各个方面。例如，全省流通的小包装盐，70%以上是在这里生产的。2013年全省完成小包装盐销售21万吨，销售收入超过2亿元。

3. 西部刀山——温宿岩盐

温宿县地处天山最高峰——托木尔峰南麓，塔克拉玛干大沙漠边缘，隶属于阿克苏市。北与伊犁哈萨克自治州的昭苏县交界，东与拜城县、新和县接壤，南与阿克苏市相邻，距阿克苏市仅12千米，西接乌什县。

温宿是千年西域古国。古温宿国，具体地理位置，主要部分在今温宿县温宿镇周围及库木艾日克河、阿克苏河上游流域。

根据史料记载，公元629年至649年，唐朝贞观年间，著名僧人玄奘沿着丝绸古道的"热海道"前往西天取经。当时去热海道的路线是库车（皮郎古城）——温宿——乌什——别迭里山口——热海（伊塞克湖），然后抵达天竺。途经西域姑墨国（今温宿）境内的穆素尔岭（今温宿木扎特古道）时，路遇高老庄。这就是《西游记》中高老庄的原型。

罕见的远古岩盐地质绝景。温宿大峡谷曾是通往南北天山古代驿路木扎特古道的必经之地，当地称之为"库都鲁克大峡谷"，维吾尔语意为"惊险，神秘"。

　　我们现在无法知道吴承恩是否到过西域。但是，古温宿的地形地貌，却是奇形怪状，独特异类。喜马拉雅造山运动，是世界地质史上最伟大的事件之一。这一事件发生在距今约3000万年之前。这一运动中，中国版图上，东西两部分地势高度，出现了明显的差异。最显著的变化是，青藏拔地而起，成为世界最高的高原，第三纪的热带、亚热带环境被高寒荒漠取代。

　　温宿大峡谷，是中国最大的岩盐喀斯特地质奇观。这些奇特的、千姿百态的地质地貌，是喜马拉雅运动时不断演化的结果。其中最明显的变化是，古岩盐地质地貌发生了剧烈的变化，在受到强大的地质作用力之后，地下的古岩盐被撕裂、割断、纽曲、拉伸、挤压，渐渐隆起，最终浮出地面，形成了这些怪异的地貌。

　　通过这些岩盐地貌的形状，今天的我们仍然可以感受到远古洪荒时代那种地动山摇的壮观场面。

　　岩盐在高温高压的地质力作用下，变成了一种可塑性物体，不断被挤压着，从岩石的缝隙间流向地面，不断累积，形成了成片的盐丘。暴露在荒野中的盐丘开始经受风雨的剥蚀与溶解。亿万年之后，盐丘早已面目全

盐的景观（中国篇）

184

非，形成了盐溶洞、盐乳石、盐笋、盐漏斗、盐瀑布等，代表性的盐溶地貌遗址，有奥奇克盐丘。

　　盐丘西部，是一片原始的岩盐沉积地貌，白色，层层叠叠，远远望去，天地之间莽莽苍苍，一片银装素裹的北国景象。此情此景，仿佛一夜之间置身于白雪飘飘

温宿县有中国最大的岩盐地质胜景。峡谷中，山壁岩层受挤压形成的褶皱，弯曲的线条十分清晰，断裂的岩石夹在山壁岩层中，形成了嶙峋怪异的奇特景观。

温宿县的岩盐，有10座盐山，起伏绵延30多千米，氯化钠平均含量达95%以上，储量400多亿吨，为罕见的大型盐矿床。

的北国。

　　长年累月的雨水冲蚀，盐丘喀斯特地貌，展现出令人惊异的形态。岩峰林立，如刀如剑，直指苍穹，展示着中国西部极罕见的远古岩盐地质绝景。

　　这是在温宿古盐丘遗迹中，至今还能看到的盐喀斯特景观。因混有泥沙等杂质，盐晶体皆呈现出棕红色。

　　整个温宿县可以说是一座地质博物馆。这里是中国西部最美的丹霞地质奇景、中国最大的岩盐喀斯特地质胜景，有中国罕见的远古岩盐地质绝景、中国西部奇特的雅丹地质怪景、中国独有的巨型岩溶蚀地质秘境等。有人称之为"中国活的地质演变史博物馆"。进入这片古老的盐丘景区，犹如进入了一片精美雄浑的自然画廊。

目前，温宿县东北部山区，已发现多座盐山，起伏绵延 30 多千米，盐层厚度达百米以上。这里的盐储量超过数百亿吨。温宿的盐山中，氯化钠含量较高，最高达 95% 以上，为罕见的大型盐矿。若按每人日需食盐 10 克计算，这一带盐山的食盐，可供全球人吃 200 年。

温宿采盐，多以爆破法。在采到的巨大青色原盐块中，有的色彩略红，有纯度达 99% 以上。

温宿岩盐可以用来做工艺品。盐块像琼玉凝脂一样，五色斑斓，令人爱不释手。

在新石器时代，岩盐可作器皿。生活在这一地区的古代先民，一直就有用岩盐制作食具器皿的习惯，如放置食品的隔板、面板、盆、碗、碟等。

当地居民的盐碗，看上去和普通石块打磨出来的碗没有什么区别，不同的是，无论生食熟食，都不需再放盐，将食物放入器皿，搅拌即可食用。

盐碗具耐储存、使食物味道鲜美的独特功效。

古代，温宿人以最原始的方法制盐。他们采用引水冲刷的方法。先将水引上盐山，用水管不停地冲刷溶化盐岩，顺着挖好的渠道，含盐的水流入山脚下的盐田中，晒干后即为精盐。

【卷六】 泉盐：一泉飞白玉，千里走黄金

出泉如瀑

泉，就是从地下自然涌出地面的一种地下水。盐泉，依含盐量多少可分为弱盐泉、食盐泉、强盐泉。大巫山地区有丰富的盐泉，但从山内流出地表的仅有3处，这是原始先民最容易利用的，故也是最先利用的3处，分别是巫溪县宁厂镇宝源山盐泉，彭水县郁山镇伏牛山盐泉和湖北省长阳县西的盐水。

关于宝源山盐泉，《大明一统志·大宁县》这样描写："宝源山在县北三十里，旧名宝山，气象盘蔚，大宁诸山，此独雄峻，上有牡丹、芍药、兰蕙，半山有穴，出泉如瀑，即咸泉也。"

另外，成都平原和金沙江两岸也有零星的盐泉分布。在所有这些盐泉中，巫溪盐泉的出水量是最大的，也是最稳定的。

一直以来，它吸引着方圆几千里的人们纷至沓来。

1. 开县古泉盐

开县温泉镇，是渝东北一个古老的集镇。这里有 2000多年的泉盐、井盐生产史。

由于温泉镇的地下卤泉水位很高，卤水常常从岩隙之中自然涌出，人们在盐卤涌冒之处掏去泥沙，筑成凼，然后取卤煎盐。

宋人乐史《太平寰宇记》记载："开州产盐——井有盐，方寸中央，隆起，如张伞，名曰伞子盐。"这个记载，很形象地描述了开县的一个盐泉，从地下喷涌而出，像伞一样张开。这个记载，在如今却是有根据的。

现在温泉镇河东有个古地名，叫朝天井，民间一直流传着这个井的神奇故事。古时，这里有口盐泉，从地下向上喷卤水，人称伞子井，后来改成朝天井。朝天井位于温泉河东岸，高于清江河水面约 20 米。这就是传说中最原始的一口盐泉。

历史上，开县即以温泉著称，而这些温泉，很多都是盐泉。这些盐泉，能产盐，多位于温泉镇，统称为温汤井。

温汤井的最早记载于唐代。唐五代道士杜光康撰《录异记》记载："开州，后倚盛山，东枕清水，溯流而北，三十余里，至温汤井，有温泉。"

温泉河东有一条约 500 多米的小溪沟，叫三浬河。朝天井正位于三浬河的上游，其下游入清江处有一口盐泉，这口卤井，即名温汤井，又称老井。这是开县规模最大的一口井。

在温汤井不远处，有一口被封闭的井，称龙马井，温泉民间有一种说法，"打开龙马井，饿死云阳人"。云阳县云安镇是渝东大盐场之一，其意在表明温汤井一带泉盐之丰。

开县有大型盐泉 20 口，其中有 19 口集中在温泉镇，统称温汤井，这里的产盐规模，仅次于巫溪县的宁厂，成为渝东产盐重镇之一。

温汤井位于长江北岸支流澎溪河的上游，澎溪河明代以前称清江，又名小江、横江、玉林河，发源于开县白泉乡钟鼓村天生桥，一路汇集桃溪河、东河、南河、浦里河水，由开渠镇入云阳县境，在双江镇侧注入长江,河流全长178千米。

温汤井坐落在不到2千米的峡谷之间。有时，洪水上涨，淹没盐泉，盐工就在盐泉出口处，筑石栏阻挡洪水。石栏是一用石料砌成的井筒，约5米多高，正好能避开洪水。为抗御洪水对井筒的冲击，石井壁加厚，远处看去，犹如斜坡上的烟囱。这种在盐泉四周砌筑成的井，既是盐泉，又是盐井，所以当地人称它为过渡井。

开县温泉镇的泉盐生产，历史悠久，在长期生产实践中，温泉镇盐工创造了一系列独特的泉盐生产工艺。温泉镇泉盐生产技术的发展，经历了4个阶段，即淘沙作凼、匝井建灶、烧笼炼盐和烧冰打磋。

匝井建灶，所谓匝井，实际上不是井，而是围井，在有盐泉的地方，围成堰，成井筒状，并在周围建灶煮盐。也就是说，把盐灶位置，由家中移至室外的井边，野外煮盐，并由家庭作坊，进入到群聚生产。

烧笼炼盐，又称炼咸头，此工艺较复杂。使用大锅，大灶，烧煤，灶上置笼，笼上有笼田。炉灶烧得越热，炉灶连着的笼子温度便越高，卤水蒸发得就越快，盐工便不断地把卤水泼到笼顶的田中，让田里始终保持一寸深的卤水。笼子里的卤水浓度增加，滴落汇合流入水凼。此过程是为了提高池中卤水的浓度，经过滤后，再入煎锅里，煎熬成盐。

烧冰打磋，又称作堰烧冰，其技术核心仍是提高卤水浓度。此法不仅利用余热将卤水中的部分水分蒸发掉，而且可直接利用炉内的燃料热能。

2 宁厂古镇——巫咸古国

　　中国古代著名的笔记《山海经》记载："有灵山，巫咸、巫即、巫盼、巫彭、巫姑、巫真、巫礼、巫抵、巫谢、巫罗十巫从此升降，百药爰在……巫咸国在女丑北，右手操青蛇，左手操赤蛇，在登葆山，群巫所从上下也。"

　　据历史学家考证，"巫咸国"的地理位置就在现在的巫溪县宁厂镇一带。其中的"葆山"应当就是现在的"宝源山"。当时，巫山、巫溪一带聚居着一些巫人部族，"十

巫溪县宁厂古镇，位于重庆巫溪县附近，是中国早期制盐地之一。《华阳国志校补图注》记载："当虞夏之际，巫国以盐业兴"，距今约5000年之久。

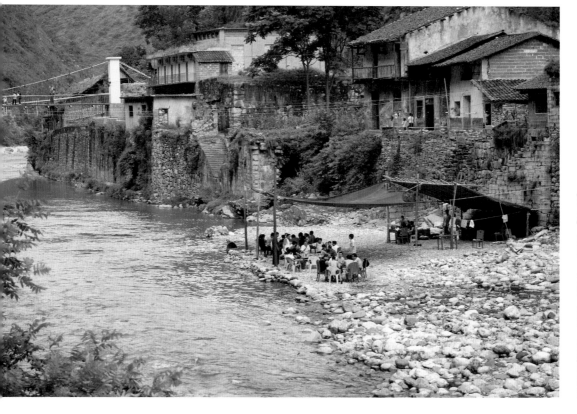

[卷六] 泉盐：一泉飞白玉，千里走黄金

巫"之首"巫咸"创立了"巫咸国"。"咸"即"盐"，巫咸国以盐兴国，同时还盛产药材。

宁厂古镇可谓是三峡地区古人类文明的发祥地和摇篮之一，堪称世界的"上古盐都"。

今大宁河畔的宁厂古镇，即是《山海经》中的"巫咸国"所在地。从先秦盐业兴盛以来，历时5000多年，因盐而诞生的宁厂古镇，曾创造"一泉飞白玉，万里走黄金""吴蜀之货，咸荟于此"等辉煌。

乾隆年间，宁厂古镇盐灶达336座，煎锅1008口，

据史料记载，到清乾隆三十七年，宁厂全镇已有336眼灶，均可燃烧熬盐，有"万灶盐烟"之美誉，1949年前后盐厂还有99眼灶。图为古盐场遗址内煎熬盐卤用的盐锅和盐灶。

号称"万号盐烟"。

修建于峭壁间的盐马古道和奔腾不息的大宁河水，成为了泉盐外销的交通要脉。

《水经注》记载："又东过巫（山）县南，盐水从县东南流注之。江水又东，巫溪水（大宁河）注之……水南有盐井，井在县北，故县名北井，建平一郡之所资也。盐水下通巫溪，溪水是兼盐水之称矣。"可见，今大宁河，古称巫溪，或盐水。

巫溪地处大巴山东段南麓，为重庆市东北大门长江支流大宁河（古名巫溪，又称盐水，亦名昌江）、西襄水（在县境内为分水河）、汤溪河（在县境内为湾滩河）的上游，东邻湖北省竹山、竹溪两县及神农架，北接陕西省镇坪县。为渝东北重要门户，古以"巴夔户牖、秦楚咽喉"

巫溪县宁厂古镇，这里曾经有无数的制盐作坊。在宁厂古镇，可观到古朴的老街，以及古朴的民俗，山水灵秀幽静。图为大宁河畔废弃的制盐厂房遗址。

［卷六］ 泉盐 "一泉飞白玉" 千里走黄金

195

宁厂古镇吴王庙遗址。

著称。

"大宁盐场"得名于北宋初，《宋史》记载："大宁监，同下州。开宝六年，以夔州大昌县盐泉所建为监。"大宁监所监管的便是《宋史》明文记载的"大宁盐场"，所在地时属大昌县。宁厂倚山靠河，山是宝源山，河叫后溪河，在渝陕鄂3省交界处，四川盆地边缘。东北向翻越大官山可抵湖北之竹山、房县，北向翻越界梁子可达陕西镇坪、湖北竹溪。光绪《大宁县志》序云："宁邑处万山之中，昔唐宋以盐泉设监。其先或隶楚隶川，其后乃建州建县，县治之设，东连房竹，北接汉兴，崇山巨壑，鸟道旁通，为秦楚入川门户。"前公路时代，翻越大巴山的古道网络是汉水流域进入四川盆地的孔道，由陆路古道和沿河搭建的栈道组成，现在习惯上称它为"古盐道"。

1958年以前巫溪境内不通公路，1977年城泉公路（巫溪县城—龙泉镇）从宁厂镇东侧经过，1985年，当连接古镇和城泉公路的宁厂大桥修成之后，宁厂完全进入公路时代。如今，驱车经界梁子翻过大巴山数小时便可抵达汉水流域。公路把物美价廉的海盐送进了赖食宁盐的广大地区，也因此终结了大宁场古老的手工制盐历史，昔日繁荣的盐业场镇宁厂因而急速衰败成一"空心"古镇。这个一平方千米出头的场镇地面，曾经拥挤地住着上万人，如今

却退缩为五六百人，且还在不断减少。从空间意义上说，通过现代公路网的连接宁厂古镇得以融入现代社会版图，那些传统的水陆盐道逐渐被废弃，成为已然落伍的民族手工盐业的陪葬品。

20 世纪 70 年代末，随着公路的相继开通，原先依赖开船谋生的大批船工也纷纷失业，他们只得搬离家园外出谋生。如今，那曾经承载了若干代人或美好或心酸回忆的，也承载了社会变迁中所有失落与荣光的故土已是满目疮痍，那是船工们聚居的猫儿滩和盐工们聚居的"大宁场"。

高山峡谷之中，宁厂古镇记录着久远的制盐传奇和史诗。图为 1984 年 10 月，大宁盐厂正在生产食盐时的景象，地点：重庆巫溪县宁厂古镇。

3. 一泉飞白玉

　　宁厂古镇，位于今巫溪县城北约10千米，大巴山东段南麓大宁河畔。古镇依山傍水，镇中有条青石板街道，很窄。沿河是一排吊脚楼、过街楼、各式民居，沿后溪河蜿蜒3.5千米，俗称"七里半边街"。

　　东临雄奇险峻的大官山和清澈见底的大宁河，有一群青狮白象岩，里人谓之十八罗汉，是为白莲教起义军据点遗址。

　　镇西一山耸峙，状若金塔，名曰仙人山，山腰一洞，乃明代罗洪先隐居于此，名仙人洞。

　　镇南半山腰，有女王寨，是明末李自成部将贺珍坚持抗清斗争18年的军事据点。

　　北毗闻名遐迩的宝源山，孤峰之巅有桃花寨。山腰有一洞，洞口据一石龙，清泉从龙嘴喷出，这便是著名的白鹿盐泉。

　　古镇南北高山横亘，东西峡谷透穿，后溪河穿镇而过，两边山上灌木丛密集，山清水秀，是个世外小镇。

巫溪县宁厂古镇白鹿盐泉。雪白如玉的盐水从山洞中喷涌而出。

[卷六] 泉盐·"一泉飞白玉，千里走黄金"

早在新石器时代，先民就在这里繁衍生息，是最早被人类发现的地面盐泉区，也是人类文化发育最早的地区。几千年的盐泉喷涌而出，这里便成为我国早期制盐地之一。

三国时期，刘备为巩固荆州，加大盐业控制，废巫而立北井县（县北有井，故名）。

宋代设江离镇，设巡检司。

《蜀中广记》卷66记载，宁厂这个不足4千米长的古镇，承载过空前绝后的繁荣，"不忧冻馁，不织不耕，持盐以易衣食。"

古今吟咏巫溪县盐泉的诗多不胜数。宋代大宁知监曹绅，所题咏《绞篊诗》中，有"宝源天府国，卤脉海分潮"之句。宋永孚《题盐泉》诗云："一泉流白玉，万里走黄金。人事有因革，宝源无古今。"

盐泉边上，是一幢破败的木房，四处残砖破瓦，屋前空地上有块断裂的清代石碑，上面记载着盐泉的分配方案和晶盐出售价格。

盐泉至今还在汩汩流淌，仍是"流白玉"的磅礴气势。盐泉如飞瀑向外喷涌，仿佛万里黄金并未走远。

巫溪素有峡郡桃源之美誉，为大三峡腹地最原始、最神奇的一方净土，盐、药资源亘古不绝，神秘气氛驱之不散。宝源山层峦叠嶂，大宁河岸翠林密布。登高四顾，幽谷纵横，芝草繁生，山腰盐泉破壁喷瀑，浪溅似雪，昼夜不停。

4. 白鹿引泉

这是巫溪大宁盐场最著名的神话故事。

宋人王象之所撰的《舆地纪胜》记载："宝山咸泉，

县地初属袁氏，一日出猎，见白鹿往来于上下，猎者逐之，鹿入洞，不复见，因酌泉知味，意白鹿者，山灵发祥以示也。"

宝源山下一个袁姓猎人，看见一只白鹿往来奔跑，不知其意。就想追猎白鹿。那白鹿进入一个山洞，一下子就不见了，瞬间，洞中喷发出一片银光，清泉如玉，汩汩流淌，尝之，有咸味。那只白鹿，原来是给当地人报信引泉，告诉他们这里有盐泉。

有了盐泉，就有了财富。当地人为了纪念白鹿，就在盐泉旁，并列建猎神庙，并在盐泉左侧，塑白鹿一只。现庙和鹿均已被毁，遗址尚存。

因传说水由龙王掌控，当地人又在盐泉右侧，建龙君庙一座。此庙坐北朝南，背靠宝源山麓，前临小河，殿正中立有龙君塑像。明末，抗清名将贺珍，在为宁厂龙君庙写的碑记中，讲述了这个故事概要："龙君庙创自汉代，相传猎者见一白鹿而逐之，遂得盐泉，始庙祀焉。"这就是说，白鹿引泉的故事，汉代就有了。

龙君庙为并列正殿5间，中为龙君殿，左为观音殿，塑有普陀二十四诸天和泥塑《西游记》戏文浮雕，下塑十八罗汉。还有火神殿、文昌殿、山神殿、酒楼、戏楼。石崖上，嘉靖乙卯年镌刻的"白鹿盐泉"，崇祯年间张惟任题"黄金玉洞"和"宝源天产"各刻左右。

在遥远的古代，宁厂宝源山一带，森林茂密，鸟语花香，有白鹿生息。"白鹿引泉"的传说，也反映了那个时代优良的生态环境。

如今的宁厂古镇上，当你转过一栋木楼，沿着石板路走一段，就会听到一阵哗哗哗的水声。循声而去，可见一岩壁上，喷涌着一股白花花的泉水，这就是从宝源山洞流出的著名盐泉。如果你伸手接一捧尝一尝，会感到泉水是

咸的。几千年的流淌，仍然不改其味。

光绪《大宁县志》录"大宁八景"，白鹿盐泉是其一。

明代潮州知府陈镇所作《白鹿盐泉》一诗，生动描绘了宁厂盐泉的风采：

盐井平分万灶烟，引从白鹿记当年。

行郊曾应随车雨，逐野欣逢涌地泉。

天遣霜蹄通潋滟，人从云麓觅清涟。

出山已备和羹用，玉液功名鼎鼐先。

5. 七里半边街

宁厂古镇，依山傍水，所谓"三面板壁一面岩"，因不足 4 千米，故称"七里半边街"。

关于宁厂名字的由来，古籍中语焉不详。因袁姓猎人逐白鹿至此的原因，宁厂曾有个美丽的名字叫袁溪镇，也称大宁盐场。一直到清同治年间，四川省将全省盐区分为 24 个厂，大宁盐厂始称大宁厂。

沿街建筑多为斜木支撑的吊脚楼，临河而建。想当年，宁厂镇天赐盐泉，这里曾经是个"楼房林立、市井繁荣、人流如织、彩幌飘定、舟楫倒映、风韵隽永"的地方。

盐业千年开采，直到 20 世纪 80 年代末，宁厂古镇七里长街是"日有千人拱手，夜挂万盏明灯"，何等繁荣昌盛的景象。

如今，漫步在宁厂古镇，却是一片寂静。古老的石板道，冷寂的街道，衰败的厂房，破损的房屋，无一不显露出荒凉与沧桑。由于现代文明的冲击，藏于深山的古盐镇，繁

巫溪县宁厂古镇旧屋。原本热闹繁华的古镇开始安静下来，也逐渐隐没，悄无声息地消失在人们的印象中。

华褪尽，归于沉寂。

　　历史，也有着生命一样的轮回。当初，有多少人从四面八方奔赴宁厂淘金。如今，宁厂的年轻人又走出古镇，去他乡寻找生活。

　　宁厂镇于1988年被县人民政府确定为重点保护的历史文化名镇，之后盐业全面停产，居住人口外迁，全镇建设活动减少，所有房屋，到目前仍然保持着原有的历史风貌。其中重点保护的明末清初建筑龙君庙、秦家老宅、方家大院、向家老屋、方家老宅、盐厂、过街楼等，总面积约一万平方米。

　　但是再怎样衰败，宁厂古镇曾经辉煌的气息还在。那些青藤缠绕的石基、杂草丛生的庙宇、锈迹斑驳的盐锅、

盐的景观（中国篇）

青苔裹覆的井架，无一不在显示着宁厂的古老、博大与尊严。任何时候，都别忘了，这里是古老的巫咸国所在地。

但是，历史上的巫咸国存在的时间并不长，并很快走进了历史。巫咸国以廉价的泉盐，换来了铁器、陶器，换来了五谷粮食、美酒。富足的生活使人们开始贪图享乐，安逸奢靡之风在巫咸国盛行。这里的男人开始雇用他族人熬盐，他们已经长久不狩猎了，青壮年们身体发福养尊处优。

这时，觊觎泉盐财富已久的北方大国庸国，乘机发兵巫咸国，兵不血刃，轻而易举将巨大的食盐财富收入囊中，巫咸国的国民向庸国朝贡纳税。

战国初期，巴人联合秦国和楚国，夺回巫咸国，并灭掉庸国。从此，巫溪巴人拥有盐泉。

据《华阳国志》记载，历史上的巴人生于江边，善于行船，泛舟奔波，原以捕鱼为生。巫咸国垄断了三峡一带的食盐资源后，巴人转而成为水上商人，乘着独木舟贩卖巫盐，他们也由此获得水上流莺的称号。

由于食盐与巴山、巴人有着密不可分的联系，至今，人们在口头语中，还常常将食盐说成盐巴。

【卷七】 苍茫古盐道

盐马古道

黄昏中，落满黄叶的古盐道，是一代代盐夫们用血与泪书写的盐运史诗。

那些盐道或盘旋于悬崖峭壁之上，或蜿蜒于湍流沟谷之间，盐夫们身负重物，跋山涉水，日行几十里，稍有不慎，即落入深涧，粉身碎骨。更不用说，沿途还有野兽、劫匪、苛捐杂税等。他们将盐场的雪花盐，源源不断地运往广袤的山野村庄。

雪白的盐，是盐夫们生命中最后的烟火。

1. 川盐济楚

在古代，盐务是国家的垄断产业。在专制制度之下，盐的商品流通，受到很多人为的限制，特别是盐的运销，长期实行政府专卖制度，这使得各地的盐业经济很不均衡。川盐历史悠久，色白质优。例如，自贡出产的食盐，仅能销售到四川南部以及云南、贵州部分地区。

四川位居长江上游，与它邻近的湖北和湖南两省人口稠密、经济发达，但是这两省并不产盐。如果将川盐顺江而下，运销到湖南和湖北各地，无论是运盐之便利，还是盐质之优良，比之淮盐，都是川盐的极大优势。

当时，两湖地区一直被淮盐所垄断。淮盐，即产自江苏沿海的海盐。与四川的井盐相比，海盐产量更大、成本更低，同样具有长江水运的优势，所以两湖地区尽管离四川很近，但一直被朝廷划定为淮盐销售专区。川盐要进入两湖地区，只能耐心等待历史的机会。

清咸丰三年（1853年），随着太平天国运动的爆发，"川盐济楚"的机会终于出现了。

太平军攻陷武昌后，随后控制了长江中下游地区，定都南京。从此，江苏出产的淮盐，无法通过水运到达湖南、湖北两省，致使这一地区盐价飞涨，甚至有传说到了"1斤盐1斤银"的程度。于是，清政府下令，将四川的盐调往湖南湖北，这就是著名的"川盐济楚"。

根据清廷户部议准："川粤盐斤入楚，无论商民，均许自行贩销。"于是川盐源源不断地运销湖广市场，"川盐济楚"正式实施。

川盐济楚是四川盐业界的黄金时期，也就是这时，产自贡人以自己的聪明才智，发明了提取卤水中杂质的方法，竟然是在煮的过程中加入豆浆，即用做豆腐的方法将卤水中的杂质提取，所以你在燊海井煮盐的作坊里，能看到有人磨黄豆的情景。图为自贡市燊海井传统的低压火花圆锅制盐，工人向卤水里按比例调制豆浆。

生了"自流井四大盐商"：李四友堂、王三畏堂、胡慎怡堂、颜桂馨堂。他们在川盐济楚的这场机遇中，利用雄厚的资金，以累万盈千之银投入盐业生产，为凿井采卤采气和制盐技术的提高奠定了基础。创下了富甲全川的神话。

2. 三峡栈道

古代三峡地区，与外界联系的主要通道就是长江。风烟渺吴蜀，舟楫通盐麻。一般称此水道为"峡路"或"峡江道"。但是，这条水道异常艰险，江水涨落，影响舟行。于是，在江道与陆路之外，还有一种介于二者之间的交通方式——栈道。

所谓栈道，是指在峭石陡壁上凿孔锲木，上铺木板，形成通道。《战国策》里就有"栈道千里，通于蜀汉"的记载。

自贡的井盐，沿着盐运水道和羊肠般的陆路古道，纷纷进入盐津，并从这里沿着茶马古道，走进了灯火万家。悬崖峭壁之上，高悬半空的古栈道，是古代运盐道路中的一段。

[卷七] 苍茫古盐道

三峡地区，山高谷深，峡江两岸，壁立千仞。一些特殊江段，每遇洪水季节，江路中断。为此，在峡江两岸的绝壁上，凿孔修道。目前留下的古栈道，著名的有孟良梯栈道、大宁河栈道等。

孟良梯栈道，在瞿塘峡南岸绝壁上开凿一排石孔，全长约 136 米。栈道现存石孔共 61 孔，由下向上呈"之"字形排列。石孔为方形，宽 26 厘米，高 24 厘米，深 34 厘米，孔距 1 米。此为南宋抗元时期所开凿的通往阳口城的一条通道。石孔只凿到山腰，石孔以上可以通过悬索攀登。

大宁河栈道，在巫山龙门峡西岸崖壁之上，依次排列着无数整齐、方正的石孔。栈道石孔多呈四方形，孔径 20 厘米，孔深 30 厘米左右。上下孔眼交错成倒"品"字，上排两孔插木桩，铺木板；下孔插木柱斜撑木板，构成三角形支撑架，成为栈道。

古栈道以大宁河为主干，从龙门峡口经巫溪县延伸到陕西的镇平县、湖北溪县、重庆城口县一带。大宁河栈道总长约 400 多千米，其长度超过著名的剑阁栈道，在我国古栈道遗迹中首屈一指。

大宁河古栈道遗址，按其主要功能，以宁厂古镇后溪河口作为分界，划为北上段和南下段。北上段古栈道主要是运盐通道，南下段则是架设笕竹管，输送宝源山天然盐泉至巫山大昌坝及巫山城郊等处煮盐的输卤栈道。

据《巫溪县志》载："南下段从宁厂起，沿大宁河右岸南下，至巫山龙门峡口，全程旧称 270 里，岩壁上现存架木石孔 6800 余个。"另据《巫山县志》载："自龙门峡起沿大宁河西岸绝壁北上，均匀排列石方孔，一般距水面 20 米左右……至大宁盐厂共有 6888 个。"

如此大规模的古代栈道，实为我国古栈道遗迹中所罕见。

官盐大道，延绵上千里，持续数百年，这是一条生命线。陆路挑夫盈途、马帮成队、盐担蔽街，人流如织，生意兴隆。图为盐马古道上的驿站。

213

3. 镇坪古盐道

  镇坪，位于安康东南部的大巴山北侧腹地，是陕西最南部的山区县。境内群山起伏，层峦叠嶂，沟壑纵横，植被丰茂。

  地处秦巴深处的镇坪虽不产盐，却是大宁盐远销秦巴山区的唯一通道。如今，依然完整地保留了纵贯全境长达153千米的古盐道。从巴山地区运来大量食盐，通过镇坪古盐道运往各地。古盐道就掩藏在山林中，它是

自贡盐对于云南人民的生活有着重要作用。著名的茶马古道也可誉之为茶盐古道。陆路方面迄今为止留下了诸多的盐道，著名的有彝柴口古盐道、松坡山古盐道、牛尾古盐道、漆树乐善坊等，这些盐道经漆树乡入宜宾境内，然后过筠连，运达盐津。

通往陕南、关中和鄂西北的唯一通道，被喻为"南方的丝绸之路"。这条古盐道，是2009年第三次全国文物普查时的重要新发现。

这条蜿蜒在崇山峻岭中的古盐道，成为汉中、商洛、安康及湖北竹溪、竹山、房县等数以万计的民众的生命通道，前后长达2000多年，可以说，这是秦巴深山里的一条经济大动脉。

自从大宁发现泉盐之后，严重缺盐的安康地区，很快得到消息，他们组织盐帮，冒着生命危险，越峡谷险滩，穿原始森林，翻越大巴山，从大宁背盐。

运盐的方式有两种：一种是用竹篓背，另一种是用扁担挑。

盐厂出盐以竹篾袋装，每坨为 50 千克。由于蜀道艰险，特别是鸡心岭境内，山高涧深，每年坠崖身亡的盐夫不计其数。当地有一首盐工民谣，这样唱道："好儿不挑盐，一年当十年。挑上一百斤，一趟半条命。"这是盐夫们九死一生运盐历程的真实写照。

镇坪古盐道南起巫溪县大宁河盐场，沿大宁河向北，翻大巴山主脊鸡心岭（今鄂、渝、陕 3 省交界处）后，进入镇坪的南大门——钟宝镇。运到钟宝镇的盐随后分 3 条路，运往各地。一条向东，进入湖北竹山、竹溪、房县 3 县；一条向西，经岚皋县达紫阳，入汉中镇巴县，是最远、最重要的一条盐道；向北纵贯镇坪全境，直达金州（今安康）。

镇坪县曾家镇，有位 81 岁的老盐工敖金提。他从 16 岁开始，随盐帮去大宁河盐场背盐，往返于宁厂与安康之间。一天，日落西山，敖金提随盐帮投宿于一家客栈。大伙在溪水边洗去一身汗水。敖金提那时正值青春年少，长年的贩盐生涯，让他的身体变得结实有力。如此强壮的体魄，在夕阳的照射下，显出强劲的生命与活力。这迷人的身体，被客栈老板的漂亮女儿看在眼里，暗暗喜欢上他。

年轻人之间的爱恋，无需言语，几次眼神的交流，就能彼此会意。

虽然两人一见钟情，敖金提却不敢说出来。因为自己是个盐夫，如此漂亮的姑娘，怎么会看上他，只能把对姑娘的爱恋放在心底。

从大宁河到安康，往返一次要半个多月。每次路过这家客栈，姑娘总是含情脉脉，还特地为敖金提的碗里多加些肉。而这一切，被同伴们看在眼里，都想撮合此事。盐帮中有长者，直接和客栈老板谈及此事。

让所有人意外的是，那客栈老板见多识广，阅人无数，对敖金提这个小伙相当满意。他表示只要女儿喜欢，就同意。这门亲事，竟然一说就成了。

几十年过去了，敖金提老两口都已是80左右的高龄了，但俩人依旧恩爱如初。这是古盐道上最温暖的一个故事。

4. 川黔古盐道

由于贵州不产盐，川盐入黔，几乎是唯一的选择。明朝诗人田雯曾在《盐价说》记道：贵州食盐"仰给于蜀，蜀微，则黔不知味矣"。

"粮物山货运去卖，背起盐巴回贵州""四川有个留郎妹，贵州有个望郎回""古道盐路石头多，翻山越岭爬大坡""风水桥，两山高，十个婆娘九个骚，银子钱米都不要，只要二两盐巴下海椒"。这些山歌，都是川黔古盐道上盐夫们的真实写照。他们翻越一座又一座的高山，把雪白的川盐背回贵州。

川盐入黔的古盐道，其线路是这样的：自贡井盐通过釜溪河，先运抵沱江边的泸州，然后分运两路，一条南下，通过叙永，到达贵州毕节地区，称为永宁道；一条沿东南至合江，抵达贵州习水和仁怀茅台镇，称为合茅道，也形成了两个由川入黔的引盐运销口岸，分别是"永边岸"和"仁边岸"。

叙永号称川南门户，位于四川盆地南缘，云贵高原北端，长江上游与赤水河中、上游之间，与贵州、云南交界，已

盐的景观（中国篇）

生死古盐道上，长年累月活跃着成百上千的背夫和马帮。他们四季结队行走，有的靠肩挑背负，有的用骡马驮运，生活甚是艰苦。出门时，他们要带足沿途的食粮，用粗布袋装好，风餐露宿，一路食用，一辈又一辈，在山林间走出了一条生存之路。

有千年历史。这里素为边陲重镇、商旅孔道，有"鸡鸣三省"之誉，一直是自贡盐运"永边岸"中心。在西城盐店街，矗立着一座雅致的盐业历史建筑——春秋祠。

自有川盐入黔开始，即有人工运盐和马驮运盐。川盐从叙永运入贵州，共有叙永至普安厅、叙永至威宁州、叙永至新城、叙永至马姑河、叙永至贞丰州、叙永至归化厅、叙永至永宁州等 7 条古路线，全长达 2750 千米。

这些路线都是山险水急，由叙永至毕节、瓢儿井，要越雪山关，渡赤水河。那些川黔边界上成千上万的穷苦农民，不分寒暑，负重而行，终年回旋于悬崖绝壁之上，穿行于风霜雨雪之中，所得无几，只求一饱而已。清光绪年间，住叙永的分巡道赵藩（云南剑川人）在《永宁杂咏》一诗中曾写道："负盐人去负铅回，筋力唯供一饱材。汗雨频挥挂立，道旁看尔为心哀。"真实地描绘出盐夫们的苦难生活。

沿福宝继续南下，抵达茅台镇。世人都知道，茅台是酒镇，很少有人知道，茅台还是个盐镇，因盐运而兴盛。"川盐走贵州，秦商聚茅台"，茅台成为川盐入黔的水运终点，同时又是陆运起点，转运贵州各地销售。

川黔两省交界的山，名叫红牵子山，海拔 1408 米。盐道全是丹岩条石砌成，据说有 1088 级。沿古盐道上行约 500 米拐弯处，有碑，名《同结善缘》，碑文记述清嘉庆十五年（1810 年）冬月，由乡绅陈三元之子陈德吉倡修川黔古道的过程。

登上红牵子山顶，可见武定门。武定门楼建于清咸丰四年（1854 年），为双拱结构，丹岩条石砌成，建有门楼，此关隘，为川盐入黔收税之处。

登上武定门关，川黔两地分隔两侧。运盐古道逶迤远去，百里风光尽收眼底。

5. 丙安古镇·土城古镇

赤水河水流湍急，古代的运盐船，从四川合江至贵州茅台，要四易其舟。合江至赤水，用大船，每船载盐150包。赤水换船后，至元厚镇，每船载40~50包。元厚至土城，再至二郎滩，每船载20包。马桑坪改用小船，运至茅台镇。

途经赤水、复兴、丙安、葫市、元厚、土城、二郎滩等大小码头。这条水上盐路，其中有两个著名的码头，分别是丙安古镇、土城古镇。

丙安古镇，距赤水市区12千米，为典型的川南黔北交界的古老场镇。目前整个古镇基本是旧有模样，保持了明清以来赤水河谷的古城堡原貌。

丙安镇背倚青山，三面环水，被称作"悬崖上的城堡"。清代诗人曾在这里留下"一夜滩声撼小楼"的诗句。房屋距河滩10余米高，至今只有一条水路可到城堡脚下。两座保存完好的石门把守着东西场口，两寨门旁各有一株苍劲古朴的大黄桷树，错错落落地建有许多吊脚楼。

古镇只有一条窄窄的石板街，长约400米，一直是川南入黔的古道。

这里从明清时代起，一直为上下客商歇息之地，故丙安镇上客栈、饭店、茶馆比比皆是，镇上多数居民以此为业。清乾隆年间，赤水河进行大规模治理后，丙安成为来往盐船、商贾停泊过夜之地，但见"满眼盐船争泊岸，收点百货夕阳中"。

丙安，古称丙滩场。因位于赤水河中游川黔闻名的大险滩——丙滩而得名。丙安古镇的发展和兴衰，与赤水河的盐运史密不可分。

赤水河地形复杂，山高壑深，加上水流湍急，仅在丙安

古镇一带，就形成了各种险滩。这一带有十大险滩，大鳖滩、小鳖滩、秤砣滩等，一滩接一滩。据赤水地方志《增修仁怀厅志》记载："大丙滩悬流数丈，港路一线，盐船到此，必出载上滩"。就是说，川盐船运至此，必须卸载，由人工搬运越过险滩复载，继续前行，或由此改由陆路运达目的地。于是，丙安古镇便成为了赤水河上重要的盐埠码头之一。

在丙安改走陆路的盐道，皆由人背马驮，经过"穿风坳"

丙安古镇位于贵州赤水县。古镇因盐运而生，图为丙安古镇老街。

古驿道，运往各地。

从丙安镇出发，沿赤水河逆流而上，沿途经过葫市、元厚等古镇。而古盐道上的码头和古镇中，与丙安一样成为盐运重镇的，还有习水的土城镇。

世人知道土城镇是1935年红军长征四渡赤水，而土城是一渡赤水的主要渡口。在此之前，土城一直是个著名的盐码头。古诗这样描写土城镇曾经的繁华，"白天千人拱手，夜晚万盏明灯"，那是何等的壮观景象。

土城古镇依山而建，水绕镇转，沿赤水河曲折延伸，长约2.5千米。古镇至今保留了石板街、古民居、盐码头、古戏院、茶馆及宋代的古酒窖，处处写满历史的沧桑。

清代贵州有四大"盐号"，现在只存土城镇长征街的"盐号"旧址。这里是赤水河古盐道上的大盐仓，木结构，坐南朝北，八字门，天井内有防火地，四周是盐仓，分甲、乙、丙、丁四仓。

土城古码头，久已废弃，但保存完好，有月亮台、石阶等建筑。站在土城古码头，当年盐运的繁华景象浮现眼前。各种船舶、竹筏、木筏遍布河岸，沿河客栈、马店、饭馆、酒肆林立。盐夫背盐的号子，此起彼伏，粗狂，野性，如滔滔赤水，起伏回荡。

6. 乐昌古盐道

乐昌，自古为粤北门户。韶关、郴州、赣州被誉为"三角带"，乐昌处于三角腹地，史称"瑶埠"，是瑶族的主要发祥地之一。韩愈说："岭南清淑之气，自昌而始"。坪石镇是个非常奇妙的地方，一个小镇，竟有3个火车站(坪石站、坪石北站、坪南站），实属罕见。由此也可知道坪石地理位置的重要性。如去粤北，很多快车都在坪石停靠，因为一过坪石，就进入 15 千米长的大瑶山隧道了。但这是个新镇，真正的老坪石文化，还在金鸡岭西北一带。老坪石，在西京古道、乐宜古道上，处于中心枢纽的位置。

我对老坪石是十分熟悉的，原因之一就是老坪石在历史上的兴衰，与我生活的扬州，如出一辙。两者都是因为水运的便利，成为盐运的枢纽而繁荣，又因为近代铁路的开通，陆路运输的发达而衰败。

更重要的一点，因为乐昌峡水库要蓄水，坪石古镇将被淹没。所以，我数次来此采访。

从湖南临武，经宜章南下的武水，在金鸡岭的西北拐了一个大弯，老坪石就在这里。原本它是个小村子，因村中有一块很平的天然大石，遂称此地为平石。此地雄踞南北之要冲，向南经西京古道，经乳源韶关，可达广州；向北经郴宜古道，可达郴州、株洲。

明末清初，沿海受倭寇影响，朝廷一度实行海禁，两淮盐业受到打击，广东的粤盐，成了岭北的抢手货。满载粤盐的船只沿北江，经韶关东昌来到坪石中转。坪石终于因为盐运成为湖广枢纽，发达起来。当时武水的盛况，每天有两千条船往来，晚上在砰石停留的，就有 700 多艘，如诗所云："万人维舟饷篙橹，衔尾渐进如昏鸦。"

当时湖广两地郴州坪石一带的百姓，多以挑盐为业，正所谓"万担盐箩上山冈"。当时的价格是，一担盐 10 担谷子。挑夫挑一担盐到郴州，来回一趟要 4 天，这 4 天的报酬是 25 千克米。这种繁荣，一直延续到 1935 年。粤汉铁路开通后，水运没落，坪石才渐渐平静下来。

老坪石三拱桥。在老坪石镇三拱桥村，有一座规模较大的石拱桥，仅次于黄圃应山拱桥。1913年建造，南北走向，桥身长33.8米，宽6.8米，三跨拱，桥面完好。拱桥下为武水上游，接连湖南宜章水，直通宜章县城。

老坪石古街。在今坪石镇以北4千米处。深幽的石板小巷已经寂寞。古街上至今还存有当年的店铺商行，这些建筑多两层木质结构，保留着完整的明、清时期建筑风格，依山傍水。古街从南至北约1500米，一些老字号铺子和药房依稀可辨，现有广同会馆、楚南会馆遗址。

金鸡岭，在坪石镇，是乐昌古盐道上最有名的景观，也是广东八大名山之一。因山岭西北峰有座丹红巨石，貌似金鸡，昂首北望，引颈欲啼，故名。金鸡石头向北，尾朝南，俗云：金鸡吃着北方的粮食，把金宝财富下放到广东，所以今日广东繁荣昌盛。一时间，此鸡成为广东人的风水鸡，游者趋之若鹜。

黄圃镇位于乐昌市北部，距市区将近50千米，毗邻湖南宜章县，距宜章县城仅25千米。所以，当地非常奇特的现象是，黄圃镇的村民要进城，基本上都是跨省去湖南的宜章县城。若是去乐昌，毕竟是双倍的路程，太远了。黄圃历来是乐昌的一个北面重镇，它不仅是郴乐古道和乐宜古道两条道路的必经之地，而且也是这两条古道的一个交汇点。应山古村距今有400多年的历史，目前尚存一些完好的明清建筑，这些建军筑排列整齐，错落有致。村前有古驿道，石板路。沿古驿道，可至应山石桥。这条古道，满载着昔日的辉煌，是连接湖广的一条大动脉。在这条大动脉上，在应山村，有座古石桥，名玉环桥，建于乾隆年间，迄今已有240多年的历史。此桥全部由石头砌筑，3个相连的半圆拱形，因倒影水中，犹如3个玉环，所以又称玉环石桥。

凤翼亭。从应山石桥沿庐溪河旁的古道继续西行，有一座横跨古道，古色古香的凉亭，名凤翼亭。建于清乾隆五十八年 (1793 年)，全部石砌，皆巨石，每块石头都成吨重。亭内设有长条石凳，供往来商旅歇脚。此亭是湖广古道上一座极其重要建筑物。

廊田镇位于乐昌市东南部，三面临山，武江河支流——廊田河贯穿全境，两岸良田万顷，宛如一条走廊，故称廊田。楼下古村位于镇以南约 3 千米处，是建于明代的古村落。

户昌山古村在乐昌市西北 60 多千米的庆云镇。宜乐古道自湖南宜章经此，至坪石，南下韶广。古村中多李氏居民，为清代建筑，古朴精美。

户昌山山清水秀，天气澄和，风物闲美。古有八景，分别是：醒狮望月、松潭浴日、梅溪樵唱、江山揽胜、南华晓钟、炉峰烟霭、尉岭积雪、龙须瀑布。

【卷八】 盐商之城：一个光怪陆离的世界

销金锅

江苏有一个地方，叫盐城，名副其实的海盐产地。另外，江苏还有一个城市也叫盐城，不过，这只是个别号，是"盐商之城"的意思。

特殊的地理位置，使扬州成为两淮地区海盐的集散地，大批的盐商聚集扬州。扬州盐商，是中国早期资本家中的佼佼者，创造了富可敌国的经济神话。

尤其是18世纪，来自山西、安徽等地的盐商们，几乎垄断了整个江苏省的海盐。他们是中国经济史上的一个奇迹。"富者以千万计，百万以下者皆谓之小商。"

扬州有名胜"瘦西湖"，景色怡人，有联云："两岸花柳全依水，一路楼台直到山。"明清之际，这里是大盐商的寻欢作乐之处。清代钱塘诗人汪沆有诗云："垂杨不断接残芜，雁齿虹桥俨画图。也是销金一锅子，故应唤作瘦西湖。"

扬州的盐商文化，是扬州文化的重要组成部分，是扬州城兴旺发达的重要标志。如今的瘦西湖、个园、汪氏小苑等古盐商遗址，已成为我们研究盐商文化的活化石。

1 古运河：水上盐道

在历史上，扬州的别称有"邗""甘泉""广陵""江都"等。古代的京杭大运河，是从扬州穿城而过的。

古运河最早称为"邗沟"，凿于春秋末期。西汉年间，吴王刘濞开邗沟支道，"濞以诸侯专煮海为利，凿河通运海盐而已"，这些邗沟支道"专以运盐，非南北道通行之路"。这就是通往如皋蟠溪的古盐运河，即现在的"通扬运河"的原始雏形。

进入唐代，淮海一带出产的盐先集中于扬州，再通过运河分销给各地。唐代扬州设置巡院，专督办盐事宜。洪迈《容斋随笔》中说："唐盐转过使在扬州，尽斡利权，判官多至数十人。"

古运河扬州段，是整个运河中最古老的一段。现扬州境内的古运河与2000多年前的古邗沟，大部分重叠吻合。从瓜洲镇至宝应，全长125千米。

扬州古运河城区段，从湾头镇至瓜洲入江，河宽约50米，长30千米。其中的黄金河道，主要是穿城而过的黄金坝至宝塔湾这一段，俗称"城南运河"。这条城南运河，从东、南两面，包围了半个扬州城，而这一段，也是盐商的聚集地。例如，有扬州盐商住宅群落，全国重点文物保护单位个园、汪氏小苑、康山草堂等。可以说，古运河孕育了扬州这座独特的运河名城。

扬州在历史上，有两次鼎盛时期。第一次是汉唐时期，扬州被誉为"扬

全国唯一的一牧盐官大印，20世纪80年代，出土于莱州市西由镇街西村，铜质，重达6.5千克，属特大型铜质印。印文为：右盐主官。现藏莱州市博物馆。

一益二"。《容斋随笔》中记载："唐世盐铁转运使在扬州，尽斡（掌管）利权，判官多至数十人，商贾如织。故谚称扬一益二，谓天下之盛，扬为一而蜀次之也。"就是说，当时扬州的经济全国第一，成都第二。

　　清代盐运的繁荣，造就了扬州城的第二次辉煌，而这一切仍是建立在水运优势和盐业专卖的基础上。这时期，扬州盐业极丰，城里盐商云集，水上盐船如梭。《清史·食货志·盐法》

隋朝大运河始建于605年，隋炀帝利用已有的经济实力，征发几百万人，开通了一条纵贯南北的大运河。唐代诗人胡曾描述大运河："千里长河一旦开，亡隋波浪九天来。"图为隋炀帝下扬州的浩大场景。

记载："两淮旧有盐场三十，后为二十三，行销江苏、安徽、江西、湖北、湖南、河南六省。"扬州的盐税是清政府收入的重要来源，两淮赋税占全国的半壁江山，其中主要是盐税。

正是由于拥有古运河这条黄金水道，明清两朝政府都将两淮盐运使司公署设在扬州，派要员充任。

从古运河上岸，进入东关街。这条古街如今修葺一新，前来探寻盐商古宅的游者络绎不绝。走过东关街，向南

200 多米，那可看见两淮盐运使司衙署。

当年的两淮盐运使司衙署，今天仍然保存。具体位置在今扬州广陵区国庆北路，建筑面积约 100 平方米。此衙署为明清时所设，管辖两淮（淮南、淮北）盐务。衙门前，旧有运司街（今国庆路），南北原建有牌楼，对面有照壁，现仅存门厅。门厅坐西朝东，面阔三间，悬山结构，两侧筑有八字墙，门前有石狮一对，保存完好。《红楼梦》中，黛玉父亲林如海，是扬州的一位盐官，并且就是在这样的衙署里掌控盐务的。

盐运使司衙署，是扬州盐业史上仅存的一处官方建筑，现在已成为扬州经济繁荣的历史见证。

2 林黛玉：盐官的女儿

明清时代的扬州，曾是两淮盐运中心，支撑着国库收入的半壁江山。盐业，使扬州经济达到了封建社会的巅峰。盐商们富可敌国，最著名的人物，当数林黛玉的父亲林如海。林如海虽说是小说中的人物，其原型就是作者曹雪芹的祖父曹寅的影子，曹寅曾在扬州署理两淮盐政。

《红楼梦》第二回中这样写道："那日，（贾雨村）偶又游至维扬地面，因闻得今岁鹾政点的是林如海。这林如海姓林名海，表字如海，乃是前科的探花，今已升至兰台寺大夫，本贯姑苏人氏，今钦点出为巡盐御史，到任方一月有余。"

前科探花，是指前几年中的探花。探花一般授翰林院编修，为正七品。林如海的巡盐御史，是几品呢？

"巡盐御史"是朝廷委派到地方督办盐政的专职官员，其职责就是收缴盐税。清代首任巡盐御史李发元在《盐院

总督漕运部院旧址。历史上曾主管全国漕运的唯一机构——总督漕运部院，位于淮安市楚州城区中心。

[卷八] 盐商之城：一个光怪陆离的世界

题名记》里说："两淮岁课当天下租庸之半，损益盈虚，动关国计。"

在古代，御史主管弹劾、纠察官员过失诸事。林如海是皇帝钦点的巡盐御史，做的是监察盐官政务和盐商买卖的工作，相当于今天的监察部的副部长，专管盐务。

巡盐御史的品级，可参照曹寅的品级。曹寅于康熙四十三年二月《奏谢赐金山扁额折》中的职衔是"江宁织造·郎中"，郎中一般为正五品，再加上曹寅早年已经是二等侍卫，可知其为正四品。

林如海是前科的探花，要升到四品的巡盐御史，应该是重点培养，火箭提拔。这样的人物，历史上是真实存在的。《清史稿·魏廷珍传》中记载了扬州盐官魏廷珍的升官图："魏廷珍，字君璧，直录景州人。（康熙）五十二年，成一甲三名进士，授编修。五十四年，迁侍讲，直南书房。五十六年，转侍读。五十九年，转擢詹事，复迁内阁学士。六十一年，命领两淮盐政。"

《红楼梦》第十四回，林如海捐馆扬州城，死后由贾琏和林黛玉一起送灵回苏州原籍。也就是说，林如海死于两淮巡盐御史的任上。这样的盐官，每年在手上经过的银子有多少呢？康熙五十年，曹寅应征本年盐课 186 万两，占全国盐课总额一半以上。

这么多银子从手上经过，可见，巡盐御史仍是天下第一肥差。这里就牵涉一个悬案，那就是：掌控如此肥差的大盐官，总得有些积蓄吧？就算林如海多么清廉，他又不是大家族，只黛玉一女，又能用得了多少银子？要说林海一贫如洗，恐怕谁也不会相信。更何况，林如海这一代往上推五代，曾经袭过列侯，可见林家是国之重臣，其根基甚至胜过贾府。

黛玉寄人篱下，生活所用，皆贾府所赐。在《红楼梦》第四十五回中，黛玉明白说过"我是一无所有，吃穿用度，一草一纸，皆是和他们家的姑娘一样……"无依无靠、无钱无势，令人恻然。

大家不禁要问：就算林如海没有巨额遗产，那么在扬州的房产、庄园、土地等，又都到哪里去了？

关于林如海的遗产问题，《红楼梦》中没有明确的交代。这也给后人留下悬念。虽然有多种猜测，但多数人把怀疑的目光投向了贾琏。

3. 康山草堂

1982 年左右，我寓居在何园的片石山房。山房左侧，有条南北方向的徐凝门街。这条街是为纪念唐代诗人徐凝而命名。徐凝在诗人灿若繁星的唐代，实在算不上有名，但是他对扬州的贡献却是巨大的。他的杰作《忆扬州》，已成为扬州文化的名片。"萧娘脸薄难胜泪，桃叶眉长易得愁。天下三分明月夜，二分无赖是扬州。"扬州称为"二分明月城"，即由此而来。

这一片地带，又称"大水湾"，古运河在此拐了个 90 度。大水湾原有一片高土坡，即古康山草堂故地。康山草堂原主人并非盐商，只是后来换了一位鼎鼎大名的主人——大盐商江春，这才被认定为盐商旧宅。

穿过徐凝门街，可进入康山街。住在片石山房的那几年，因为出入便利，我常常到徐凝门街一家小铺里吃早茶。吃罢早茶，悠然漫步在那些狭小的巷道里看明清之际遗留下来的这些古旧建筑，摸摸墙壁，仰望门楼，墙头、屋檐上的枯茎在风中摇动。有时在晚饭之后，也来漫步。关于康山草堂的故事，也就是在那时，听扬州文史专家顾一平先生、朱江先生、吴树先生讲述过。现漫录于此，以为纪念。

康山，听起来颇有些壮观，实无山，一堆黄土而已。

《扬州府志》记载："明永乐时，平江伯陈宣浚治运河，改道由城之东南，委土于侧，隆然成山。方圆五亩地的样子。山上有古树名木十余株，都是老干虬枝，古藤倒垂，每春夏时，浓荫深深，倒还幽静。周围有回廊供人漫步，有石栏让人远眺。但见墙外古运河道上白帆点点，运盐驳船往来如织。

极目河东平原，旷野无际，大地莽莽苍苍，一片渺茫。举目江南，则山色青翠欲滴，金山，焦山，北固山，文峰佛塔，近在几案。康山东侧有观音堂，乃是宋元时期的古刹，晨钟暮鼓，激越梵音，以及与山腰松风交汇之声，亦能时时听到。康山草堂的名字很有些隐逸的意味。隐逸者，乃是明朝一位高官，翰林院编修康海，因而得名。"

康海（1475~1540年），明代文学家。字德涵，号对山，片东渔夫，陕西武功人，弘治十五年状元，曾任翰林院修撰。武宗时，宦官刘瑾被杀后，他名列瑾党而免官。是著名的前七子之一。脍炙人口的东郭先生和狼的故事，即著名杂剧《中山狼》，便出自康海笔下。康海落职之后，放游江南，于正德年间来扬州寓居。无官一身轻，索性放浪形骸，纵情声色，总比在官场上沉浮，要自在得多。

康海善弹琵琶，他常常与妓女同骑一条毛驴，让丫环怀抱琵琶跟随其后，傲然游行道中，招摇过市，对于行人世俗的目光和议论，他不屑一顾。康海的人生际遇与古代文人仕途失意的情形，何其相似！内心的忧郁苦闷，只有在自己的琵琶声中，在歌舞女色之中排遣了。史载康海在扬州时喜欢看戏，和戏子打得火热，"聚女乐，置腰鼓三百副，饮宴宾客，一时称盛"。

后来，康山易主，天启至崇祯年间，大理寺卿姚思孝重新修葺康山，建筑宅院。至此，康山已蔚然成为一座名园。明代著名书法家、礼部尚书董其昌来游园，题名"康山草堂"，刻成门楣石匾。此石刻因战乱迷失，不知去向。

此外，董其昌还题写了堂前的"数帆亭"。明亡后，姚思孝忧郁而终，家园一分为二，西边住宅部分，为山西盐商乔承望所得；东边花园毁于兵燹。

康熙四十八年（1709 年），乔承望次子乔国彦，在园内修建"东村书屋"，工程完工以后，乔国彦作诗志喜。当时，曹雪芹的祖父、两淮巡盐御史曹寅，亲临书屋，并作《和乔俊三东村书屋诗》贺之。

乾隆年间，扬州徽籍大盐商江春，购得康山地盘。因其富甲一方，故大兴土木，在此建"随月读书楼"，筑"秋声馆"等。此时的康山，到处是水榭歌台，碧池花亭，名曰"水南花墅"。

江春一生没有做官，却是扬州盐商的"会长"。最让人津津乐道的是，这位大盐商，有通天的本领，结交了乾隆帝。时人称为"以布衣结交天子"。乾隆六下江南，均由江春承办一切供应。乾隆两次亲临康山草堂，并写有《游康山即事两首》《游康山》等诗。

乾隆见董其昌所写的"康山草堂"4 个字，太妩媚，气韵不足，便自告奋勇为江春书写了"康山草堂"的匾额。江春当然求之不得，立即更换。后来，轰动一时的"两淮盐案"事发，江春受到牵连，入狱。好在乾隆对江春并无恶感，两人有些私交，这才留江春一命。另一个受牵连的著名作家纪晓岚，则发配新疆。

道光廿三年（1843年），大学者阮元荣归故里，买下了已经破落的康山草堂，略加修整，改为"康山正宅"，从此阮元安居康山，直至终老。阮元是清代大儒，前来拜访者很多。其中有个江南河道总督麟庆，居然得到了阮元的馈赠。阮元把家中著名的根雕作品"流云槎"赠给了麟庆（后来麟庆后人将"流云槎"捐赠故宫博物院，现为该院所藏最大的树根工艺品）。

后来，康山草堂又数易其主。光绪年间，江西籍大盐商卢绍绪，在康山重修住宅"庆云堂"，当时花费纹银7万两。庆云堂前后七进，是扬州现存盐商住宅中最大的一户。新中国成立后，庆云堂为扬州五一食品厂所有。遗憾的是，1981年9月20日凌晨，因五一食品厂使用不当，一把大火烧毁庆云堂前后四进，将照厅、正厅、女厅，计二十八间，1200多平方米的房子，全部烧光，只剩下断垣残壁。

4. 盐宗庙

古代各种行业，都有自己敬奉的行业之祖。比如，木匠之祖鲁班等。

古盐运河畔的康山街，卢氏盐商住宅与隔壁，有一座盐宗庙，供奉三位宗师。这是扬州作为盐商之城所不多见的。盐宗与盐神，是有区别的。盐宗就是祖师爷。如果把祖师爷供奉起来，就变成了神。盐神远没有其他的神那样出名，不管怎样，既然是神，就可祭祀。这三尊雕像，由河北工匠用当地汉白玉，历时两月打造而成。雕像每尊重约3吨，高约 2 米，神态栩栩如生。夙沙氏长发披肩，身披树叶，右臂内弯，手托盐巴，左手握着一把麦穗；胶鬲右手捻须，若有所思；管仲手握书简，满脸庄重。

据《光绪江都县续志》卷十二记载："盐宗庙，在南河下康山旁，祀夙沙氏、胶鬲、管仲。同治十二年（1873 年），两淮商人捐建。"

夙沙氏。解州盐宗庙里称为"宿沙氏"。据说古人第一次煮海水为盐的，就是夙沙氏，也就是说，他发明了盐的制作方法。后人辑《鲁连子》佚文中记载："宿沙瞿子善煮盐，使煮滔沙，虽十宿不能得。"故后人尊之为盐宗。

胶鬲。胶鬲是殷商时代的一个鱼盐商贩，起初隐居，后被周文王启用，佐周武王成大业。《孟子·告子篇》中有一段著名的论述："舜发于畎亩之中，傅说举于版筑之间，胶鬲举于鱼盐之中，管夷吾举于士。"盐商常用一副对联："胶鬲生涯，桓宽名论；夷吾煮海，傅说和羹。"此联，悬之店门，围观者多不解。此联中，所述四人，皆与盐有关。第一人，即胶鬲，商朝人，因避纣王暴虐，贩盐为生；另三人分别是，桓宽：汉朝人，著有《盐铁论》；傅说：商朝名相，后世成语"盐梅相成""调和鼎鼐"即与其有关，比喻良相；管仲：号夷吾，春秋时齐人，佐齐桓公为相，为富国曾煮海水熬盐。管仲所著《管子·海王篇》中，多涉及盐策，这也是中国最早的盐政理论。其要点有二：一是确立盐税为人头税；二是确立盐专卖政策。

管仲的这一理论，延续了将近 3000 年。奉管仲为"盐宗"，无可非议。

扬州的盐宗庙为盐运使方浚颐所建，后曾改为"曾公祠"。原有殿宇五进，现仅存前后三进，一进比一进高，寓意"步步高升"之意。整个建筑构架典雅古朴，气势尚存。

5. 扬州瘦马

　　世人提及扬州，都会带着调侃的语气说："哦，那地方出美女呢！"一传十，十传百，这条俗语现在已传遍天下。但是有谁知道，与"扬州出美女"这条俗语紧密关联的，却有一个鲜为人知的典故——扬州瘦马。瘦马不难理解，即瘦小病弱之马。马致远在小令《天净沙·秋思》中，就有"古道西风瘦马"的名句。但扬州是个水乡，距北方几千里之遥，何来马匹？说来令人难以置信，这是一个触目惊心谁都不愿接受的事实：瘦马者，即扬州美女也！

　　这些年我一直在读张岱的文字，清新明丽。他的小品集《陶庵梦忆》是我极喜爱的一部书。《湖心亭看雪》《柳敬亭说书》《西湖七月半》等篇章，无不脍炙人口。书中，明清之际江南一带民俗风情的描摹，亦很详尽。卷五有则《扬州瘦马》，这是研究扬州女性极重要的史料。张岱在笔记中，记载了一个神秘而又奇诡的社会世象。

　　事情发生在明末清初的康熙年间，扬州历史上的又一个鼎盛时期。这是一个物质极度富足的时代，这又是一个人性严重扭曲和变态的社会。"扬州瘦马"，即后来广为天下熟知的"扬州美女"便在此时诞生了。可有谁知道"扬州美女"的艳名之后，隐没着的是扬州女性怎样一种非人的痛苦和屈辱！扬州城中竟出现了一种叫做"养瘦马"的人家。这些养出来的"瘦马"，便是用来满足盐商巨贾们畸形变态心理需要的。我常常这样想，物质极大富足之后，人的心态真的会产生变异，产生畸形的欲望和需求？

　　扬州这地方处江淮要冲，水道发达，交通便利。古运河，长江在此交叉而过，形成了扬州独特的，水土温软的特点。明

清之际，扬州盐业是朝廷的主要经济命脉，扬州盐商，富可敌国。衣食住行样样精致，任凭怎样变化，已无新意。于是有人想出了一个洒金箔的法儿来花银子，对饱食终日的盐商而言，煞是刺激，有趣。（清）李斗《扬州画舫录》里有段记载："扬州盐务，竞尚奢丽……有欲以万金一时费去者，门下客以金尽买金箔，载至金山塔上，向风扬之，顷刻而散沿江草树之间，不可收复。"

除用洒金箔的法子取乐之外，扬州盐商们对于美女娇娃，自然有着非同一般的兴趣。手中有大把的银子，什么样的美人不能据为己有？盐商们脑满肠肥，大腹便便，家奴偏偏又不谙事理，尽管找来的女子一个个眉清目秀，艳

扬州大运河风光。扬州在明清时代，成为盐商聚集之地，成为富可敌国的一座城市，主要依赖这条大运河。

【卷八】盐商之城：一个光怪陆离的世界

美无比，但她们丰乳肥臀，身体强壮，盐商们对此早已有了厌倦，他们再也提不起兴致了。他们的审美观念发生了急剧变化。他们迫切需要一种瘦小柔弱的女子来慰藉自己肥硕的躯体。于是扬州城里渐渐刮起了一股以瘦为美的风气。瘦，作为美的一种表现形式，并无过错。只是一些平常无人问津的瘦小女子，顷刻间竟然奇货可居，倒是让人大出意外。不管怎样，养瘦女子能赚大钱，这已成为事实。

家中养着的这些瘦弱女子何以被称为"瘦马"，张岱在《扬州瘦马》中未作说明，查阅史书，亦无确切的记载。这是一直悬在我心头的不解之谜。我长期寓居扬州，这方水土风情，我也曾作过详细考察。我从扬州人至今还在口头流传的一句俗语中，渐渐悟出了关于"瘦马"的原始含义。扬州人娶媳妇，口头语是"娶马"，或"娶马马"。"娶马"

盐的景观（中国篇）

二字，即由清初扬州流传的"瘦马"一词演化而来。这是一个对扬州女性带有侮辱性的词语，意为可以对女性任意摧残和蹂躏，如同役使凌虐弱小的马匹一般。"瘦马"的出现，完全是盐商们变态的心理需要。于是，扬州出现了专门养"瘦马"的地方。扬州城里和周边农村那些衣食无着的贫寒人家，不得不卖掉自己生养的本来就瘦弱的女儿，去充当"瘦马"，来度过那些窘困无助的日子。

买了五六个女子回来，就开始养"瘦马"。养者，即调教。光有形体瘦弱，这还不够。"瘦马"的举止投足，一颦一笑，都必须严格符合盐商的审美趣味。譬如走路，要轻，不可发出响声；譬如眼神，要学会含情脉脉地偷看等。这样养出来的"瘦马"，卖得快，价钱也好。当时扬州城里，竟有数百人如同牲口贩子一样，做着"瘦马"买卖。这些人中，有牙婆，即媒婆一类卖嘴牵线的人。这倒罢了，居然还有驵侩。这真是扬州女性的奇耻大辱。驵侩，是专门说和牲口交易的中间商。他们做牲口赚不了钱，就来做"瘦马"生意，而且这种"瘦马"买卖，行情看好，利润颇丰。如果哪位商贾要买"瘦马"的消息一经传出，这些牙婆，驵侩便会盯上买主，如同苍蝇附膻，撩扑不去。

买主在这些牙婆和驵侩的如簧巧舌鼓动之后，便同意去看看，此为选"瘦马"。我有幸能在今天看到世界上一轮又一轮的选美比赛。据说这些选美比赛难度颇大，国内也经常举办诸如此类的选美比赛，其选拔程序非常严格，一批又一批的选美小姐无不失望而归。但是，这种选美与清初扬州出现的选"瘦马"相比，其严格程度可谓是小巫见大巫了。张岱这样写道：至瘦马家，坐定，进茶，牙婆扶瘦马出。

曰："姑娘拜客。"下拜。

曰："姑娘往上走。" 走。

曰："姑娘转身。" 转身向明立，面出。

曰："姑娘借手瞧瞧。" 尽褪其袂，手出，臂出，肤亦出。

曰："姑娘瞧瞧相公。" 转眼偷觑，眼出。

曰："姑娘几岁了？" 曰几岁，声出。

曰："姑娘再走走。" 以手拉其裙，趾出。然看趾有法……

张岱接着介绍了鉴定小脚的办法，以及详细挑选，付费，送货上门的一系列过程。这段选"瘦马"的细节描写，语言简洁，明了，分明是一段无需任何更改的精彩剧作，画面栩栩如生，如一出戏剧，正在眼前上演。瘦马的面，手，臂，肤，眼，声，趾等一一看遍，只剩下没有脱去这些弱小女子的衣裙了。这是谁都不曾想到的事，名扬天下的扬州美女，竟是这样产生的。读到这里，我忽然想起我曾在北方农村集市上看到的一幕景象。北方乡村逢集，都有专门的牲口交易场所。那些牲口贩子非常在行，常常用手去翻开骡子和马匹的嘴，看看牙齿，便可断定此牲口能否成交，价值几何。

那些落选的"瘦马"，情形更为凄惨。她们无家可归，被卖入风月场所。每天傍晚，她们涂脂抹粉，打扮妖冶，出入巷口，游离于茶楼酒肆门前，谓之"站关"。灯前月下，面色苍白，已无人样。这些"站关"的可怜"瘦马"，有的直至夜间都找不到主顾，最后黯然离去。张岱写道："夜分，不得不去，悄然暗摸如鬼。见老鸨，受饿，受笞，俱不可知矣。"

"扬州瘦马"这种咄咄怪事，发生在明末清初，发生在被誉为"富甲天下"的扬州。这是被我们遗忘了的一处暗无天日的角落，这是一页尘封的扬州女人的血泪史，这是一段凄清悲凉的故事。

6. 扬州：也是销金一锅子

清代钱塘诗人汪沆，写过一首《约格秋禊词》，说出了扬州这地方，原来就是个销金锅子。诗云："垂杨不断接残芜，雁齿虹桥俨画图。也是销金一锅子，故应唤作瘦西湖。"

把一个地方，比作"销金锅"的，最初来源于宋代周密的《武林旧事·西湖游幸》："西湖天下景，朝昏晴雨，四序总宜。杭人亦无时而不游……日糜金钱，靡有纪极，故杭谚有'销金锅儿'之号。"

所谓"销金锅"，原本是销熔金属的坩埚，现在多指某一地方醉生梦死、消费豪奢，言下之意，就是诱人花钱的地方。

用销金锅子来比作清代繁荣的扬州，是十分恰当的。扬州是安徽、山西等地的大盐商汇集之地，他们富可敌国，常常成为皇帝借钱的对象。当然，能被皇帝借钱，也是一件幸事。"以布衣结交天子"的扬州大盐商江春，就曾数次借钱给乾隆，他一生未入仕途。

那时大盐商们赚了钱，除了盖房子、筑园林，基本上没有什么娱乐，也没有什么大的消费。只要不赌博，不抽大烟，那些金银，几辈子也花不掉的。

盐商之间斗富成风，纨绔子弟整天斗鸡走马，沉醉于丝竹管弦，消磨在青楼勾栏。这些项目，渐渐地厌倦，毫无新意了。创新、寻找新的刺激，成为这些富商们的话题。

有盐商喜欢漂亮貌美的女子，于是，家里从打更的人，一直到做饭的大厨小厨，都要选用二八佳丽、清秀之女。这好理解，貌美女子，赏心悦目。

奇怪的是，还有盐商反过来喜欢长得丑的，以丑为美。就像那些喜欢"瘦马"者。有的奴仆为了取得录用资格，不惜设法毁容，用豆酱敷在脸上，在太阳下暴晒，让自己变得又黑又丑。

据《清稗类钞》记载，当时大盐商黄均太，是两淮八大盐商之首，他吃一碗蛋炒饭，要耗银五十两。我们来看看，这碗蛋炒饭为什么这么金贵。首先，要选米，一粒粒选，主要是保证每粒米都绝对完整。炒好的饭，还要求米粒全部分开，不得粘在一起。此外，还必须每粒米都泡透蛋汁，外面金黄，内里雪白。

这碗蛋炒饭配的是百鱼汤，百鱼汤里包括鲫鱼舌、鲢鱼脑、鲤鱼白、斑鱼肝、黄鱼膘、鲨鱼翅，鳖鱼裙、鳝鱼血、鳊鱼划水、乌鱼片等。

如此制作，估计皇上也没这般奢侈。这是扬州炒饭的由来。当然，现在的扬州蛋炒饭，完全不是那一回事了。

黄均太吃的鸡蛋，也是有讲究的。他每天早上吃鸡蛋两枚，配燕窝参汤。有一次，他意外从账本上看到，这两枚鸡蛋每枚纹银一两，他对蛋价如此之贵心生疑惑，就问厨师。厨师说："这鸡蛋非集市上所买可比，每天所喂之食，都是用人参、苍术等物研成末，拌在料里，所以鸡蛋才味美价高。"

还有大盐商，每顿的饭菜，都要厨子备几十个花样。吃饭时，夫妇并坐堂上，让侍者端菜于前，让其选择。凡不想吃的，就摇头，换另一道菜。

那时也没有什么通货膨胀，生活水平很低。就是这样的吃吃喝喝，也花不了几个钱。大量的银子，还是堆在家里。

盐商们很快发现了一个很销魂的花销银子法——散千金。那么多的银子堆在家里，不如散去一部分。怎么散，那就有讲究了。不但手法怪异，且闻所未闻。

有关两淮盐商的奢侈生活形态，《扬州画舫录》做了生动而又详尽的描述。

有个盐商，整天想法子取乐。他给门客出了一个题目：我有一万金，你们有什么办法，在很短的时间内消散取乐吗？

有个门客想到了一个好主意。他用万金尽买金箔，和盐商一起，带至金山塔上。随着风向，抓一把金箔，随手扬之，顷刻而散。

这确实是一个惊人的销魂术，十分的刺激。我们想象一下，夕阳西下，成片的金箔在空中飞舞，或粘林木，或散于草丛，数里之内，一片金黄色，那该是怎样一番炫目的景象啊！

7. 大盐商——马氏兄弟

世人对于盐商的印象，多是富可敌国，花天酒地，骄奢淫逸。这样的盐商确实存在，但是也有一些盐商却与此相反，他们饱读诗书，满腹经纶，拥有温暖的人文情怀。他们用赚来的钱，招集天下有才寒士，力所能及地帮助他们。在扬州众多的盐商当中，小玲珑山馆的主人马曰琯、马曰璐兄弟俩一直是当时文人寒士的知音朋友，他们在扬州文化史上，留下了许多传颂千古的佳话。

马氏兄弟，系徽籍盐商，清乾嘉时期安徽祁门人。其祖父和其父亲皆业盐于扬州，遂定居扬州。马氏兄弟继承祖业，继续经营盐业，为扬州徽商巨富之一，因兄弟二人雅好诗文，尤以收藏古籍闻名江淮。

1772 年，乾隆皇帝下诏，决定启动编纂《四库全书》的浩大工程，其规模之大，堪称中国文化史上的"万里长城"。第一步，就是到全国各地征集图书，并对贡献大者进行奖励。

凡进书百种以上，皆由乾隆择一精本，亲笔题字。

江苏是文化大省，共进书4808种，居各省之首。这其中，马家兄弟献书达776种，受到乾隆的嘉奖，御赐《古今图书集成》一部，《平定伊犁金川诗图》一幅，并亲题《鹖冠子》相赠。故此，二马兄弟以盐商的身份，跻身于《清史列传·文苑传》中。

在扬州个园东南角，有一人迹罕至的小院。院北，有座小楼，面南三间，两层，背倚山石。小楼古朴清雅，木雕窗栏。此即著名的二马藏书楼"丛书楼"。

丛书楼为二马的庭院建筑。二马在扬州生活的地方，原来叫作"街南书屋"，后更名为"小玲珑山馆"，大名鼎鼎的丛书楼就在其中。园中有一块美丽的太湖石，因其玲珑通透，造型优雅，故名"小玲珑山馆"。那块玲珑石，也是命运多舛。

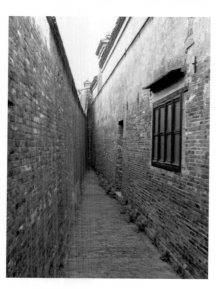

图为扬州盐商的船型屋。盐商之发达，离不开运盐船。此建筑造型，寓意为一帆风顺、满载而归。

二马在世之时，因园中那块太湖石高于屋檐，邻居觉得受到欺压，以为不吉利。但是，二马家族受到皇上的嘉奖，所以，邻居也不敢说。二马去世，邻居便向马氏后人交涉，要求降低太湖石的高度。马家败落，只得将太湖石埋入地下。

后汪氏得此园，遍寻那块玲珑石而不得。汪氏门人以金贿马氏园丁，终于得知玲珑石所藏之处。汪氏招集百余人在园中开挖，不料，工人在剔除石孔中的泥土时，竟将数丈高的玲珑石折断。一代名石，就此零落。其中一块，最后流入史公祠。

关于马氏街南书屋和小玲珑山馆，历来多有记载。这是一个私家园林宅第，园中亭台楼阁，奇花异草。清代扬州作家李斗在《扬州画舫录》中这样记载："（二马）居扬州新城东关街……于所居对门，筑别墅，曰街南书屋，又曰小玲珑山馆。有看山楼、红药阶、透风透月两明轩、七峰草堂、清响阁、藤花书屋、丛书楼、觅句廊、浇药井、梅寮诸胜。玲珑山馆后丛书前后二楼，藏书百橱。"

二马不仅"以古书山水为癖"，更多的是"以朋友为性命"，在山馆内广结四方文人名士，著名文学家厉鹗、全祖望，大画家郑板桥均为其座上客。

根据史料记载，当时出入马氏山馆的文人，著名的有厉鹗，杭州人。他在山馆作客多年，得马氏资助，以及读书之便，于山馆完成《辽史拾遗》《宋诗记事》等著作。厉鹗是寓馆时间最长的一位，马氏还帮他娶了媳妇，直到他去世前一年，他还住在小玲珑山馆，前后长达30年左右。次年，厉鹗辞世，马氏兄弟为其设灵位于行庵，并集同人哭之。

同样受到马氏资助的文人墨客还有杭世骏，曾任翰林院编修，与马氏交厚。曾在山馆长住著书。全祖望，浙江人，经过扬州，数次长住山馆，谈书著书。有一次他于山馆重病，马氏费千金为之医治，病愈送返家乡。全祖望为马氏兄弟

扬州盐商富甲一方，他们长期居住在扬州这座以盐业而著称的繁华都市，故而多将园林与豪宅结为一体。以汪鲁门故居为例：外面马头高墙，屋高超过8米，从大门向里望去，雕梁画栋，前后九进，由南向北，地面逐步增高，绵延百米，气势恢宏。

作《丛书楼记》，马氏兄弟在丛书楼为全祖望刻《困学纪闻》二十卷。另有张士进、程梦星、陈章、卢雅雨等诗人，都曾在马氏的府上长住，进行阅读与创作。

此外，与二马往来，有诗文为记的扬州画派的代表人物有郑板桥、金农、高翔、汪士慎、高凤翰、边寿民等。

在出版方面，二马帮助朱彝尊刻《经义考》，以千金为蒋衡装潢所书《十三经》，世称马版。

郑板桥初到扬州时，只是一个穷秀才，靠做塾师为生，生活清贫。一日，郑板桥东关街与马曰琯相遇，马曰琯见此书生神态忧郁，不禁脱口而出："山光扑面经宵雨"，不料，郑板桥脱口对答："江水回头欲晚潮"，由此结识成为挚友。此后，小玲珑山馆便成了郑板桥经常出没之所，并创作了雪梅图，为马曰琯画扇，题有《为马秋玉画扇》一诗。诗云："缩写修篁小扇中，一般落落有清风。墙东便是行庵竹，长向君家学化工。"

马曰琯也为郑板桥墨竹画题诗有《秋日题郑板桥墨竹幅》一首。郑板桥还曾为街南书屋的清响阁撰联："咬定几句有用书，不忘饮食；养成数竿新生竹，直似儿孙。"梁章钜在《楹联丛话》中说此联："以八分书之，极奇伟。"

徽州是朱子桑梓之邦，有"东南邹鲁"之称。徽商"儒风独茂"，"虽十家村落，亦有讽诵之声"。徽商中不少人是"弃儒从贾"的，从事商业活动之前就已饱读诗书，经商以后，仍然好学不倦，亦贾亦儒。这其中，马曰琯、马曰璐兄弟，可以算是扬州盐商文化的杰出代表并载入史册。

图书在版编目（ＣＩＰ）数据

盐的景观.中国篇 / 朱千华著 . -- 北京：中国林业出版社，2014.10
ISBN 978-7-5038-7676-9

Ⅰ.①盐… Ⅱ.①朱… Ⅲ.①盐－地理分布－中国 Ⅳ.① O611.65

中国版本图书馆 CIP 数据核字 (2014) 第 226660 号

策划出品：北京图阅盛世文化传媒有限公司
责任编辑：张衍辉　董立超
审稿顾问：林家骅　高宗麟
图片提供：搜图网 www.sophoto.com.cn

出版 / 中国林业出版社（北京市西城区刘海胡同 7 号）
电话 / 010-83223789
印刷 / 北京雅昌艺术印刷有限公司
开本 / 787mm×1092mm　1/16
印张 / 15.75
版次 / 2014 年 11 月第 1 版
印次 / 2014 年 11 月第 1 次
字数 / 183 千字
定价 / 68.00 元